ZOOLOGIE
IN 30 SEKUNDEN

ZOOLOGIE IN 30 SEKUNDEN

50 grundlegende Kategorien und Konzepte der Tierkunde

Herausgeber
Mark Fellowes

Mit Beiträgen von
James Barnett
Amanda Callaghan
Peter Capainolo
Mark Fellowes
Neil Gostling
Rebecca Thomas

Illustrationen
Nicky Ackland-Snow

Librero

Titel der Originalausgabe: *30-Second Zoology*

www.librero-ibp.com

Zuerst 2020 in Großbritannien bei Ivy Press
erschienen, einem Imprint der Quarto Group

Herausgeber: David Breuer
Redaktion: Tom Kitch, Stephanie Evans
Artdirector: James Lawrence
Gestaltung: Ginny Zeal
Illustrationen: Nicky Ackland-Snow

Aus dem Englischen von Anne Döbel
(für iMport/eXport)
Lektorat: Anika Seemann
Satz: Studio Frontaal, Groningen,
Niederlande

Gedruckt und gebunden in China

ISBN 978-94-6499-004-1

Zur besseren Lesbarkeit wird in diesem Buch das generische Maskulinum verwendet. Die verwendeten Personenbezeichnungen beziehen sich – sofern nicht anders kenntlich gemacht – auf alle Geschlechter.

INHALT

VORWORT

Mark Fellowes

Zoologie ist das Studium des tierischen Lebens in allen seinen Formen und Strukturen – ein Thema, das Menschen seit Jahrtausenden in seinen Bann zieht. Teilweise aus einfachen und praktischen Gründen: Tiere sind Nahrungsquellen und versorgen uns mit Materialien, die domestizierten Tiere arbeiten für uns oder sind unsere Gefährten. Wildtiere können für uns eine Bedrohung sein und Krankheiten übertragen. Aber Tiere sind so viel mehr als das, sie sind Teil unseres menschlichen Bewusstseins. In Frankreich existieren Höhlenzeichnungen, die vor mehr als 15.000 Jahren angefertigt wurden, sie stellen Pferde, Wisente und Steinböcke dar – so detailliert, dass sie auch heute noch problemlos zu erkennen sind. Auf der Welt finden wir in alter Kunst Darstellungen von Tieren. Dieses Verlangen, sich mit anderen Arten zu identifizieren, ist auch weiterhin Teil unserer Kultur.

Die Zoologie wird schon lange wissenschaftlich ausgeübt. Ihre Geschichte weist eine Zäsur auf: Die Zeit vor Darwin und der exponentielle Anstieg an Wissen nach ihm. Die ältesten überlieferten systematischen Tierstudien stammen von dem griechischen Philosophen Aristoteles (384 v. Chr. – 322 v. Chr.). Während seiner Zeit auf der Insel Lesbos studierte er die Vielfalt des tierischen Lebens um ihn herum und stellte Überlegungen an, die Denker über viele Jahrhunderte beeinflussen sollten, etwa Gedanken über den Stoffwechsel, über Wärmehaushalt, Gefühlsverarbeitung, embryonale Entwicklung und Vererbung.

Aber erst in der Renaissance wurde Aristoteles' Werk ausgebaut, mit dem Fokus auf empirischen Beobachtungen, anhand derer auf die natürliche Welt schlussgefolgert wurde. Die Blütezeit folgte der Veröffentlichung von Conrad Gessners *Historia Animalium* in den 1550ern, dem ersten Versuch, alle bekannten Arten zu beschreiben. Daraufhin beschäftigten sich mehr Menschen mit dem Studium der Tiere, Taxonomen wie Carl von Linné (1707–1778) gaben dem Wissen über die Vielfalt des Lebens eine Struktur und zeigten Zusammenhänge auf. Große Naturkundler wie John James Audubon (1785–1851) erweiterten durch ihre Studien unser Wissen über das Reich der Tiere.

Es war der Naturkundler Charles Darwin (1809–1881), der die Zoologie nachhaltig veränderte und mit ihr die Biologie und weitere Bereiche. In *Über den Ursprung der Arten* (1859) zeigte er, dass Arten doch veränderlich waren, und – noch bedeutender – beschrieb dazu den Vorgang, der erklärte, wie sich Veränderungen durch natürliche (und sexuelle) Selektion vollzogen. Die zoologischen Erklärungen für viele der wundersamen Formen und dem Verhalten von Tieren basieren auf seinen Erkenntnissen. Die Darwin folgende Explosion an zoologischen Erkenntnissen verortete die Menschheitsgeschichte in der Geschichte der Tiere und nicht mehr als losgelöst von der restlichen Natur.

Die Zoologie ist ein sehr zugängliches Fach, das maßgeblich für unsere Zukunft ist. Zoologen beschäftigen sich mit einigen der größten Herausforderungen, die uns als Gesellschaft betreffen: Sie erforschen Krankheiten, die Millionen töten, wie Malaria. Sie untersuchen, wie Ernteschädlinge wie Heuschrecken, die die ärmsten Landstriche der Erde heimsuchen, gestoppt werden können. Sie helfen, Wege zu finden, Ressourcen beispielsweise in der Fischerei nachhaltig zu nutzen, und sie entwickeln ökotouristische Projekte zum Schutz der letzten Menschenaffen. Dazu stellen Zoologen Fragen über die Welt und unseren Platz darin. Warum ist die Biodiversität am stärksten in den Tropen? Wie navigieren Vögel so präzise um den Globus? Warum gibt es von einigen Gruppen viele Arten, bei anderen nur ein oder zwei? Warum benutzen einige Tiere Werkzeuge, andere nicht? Die ersten Fragen sprechen dringende Bedrohungen an, die letzte unsere angeborene Neugier.

Wir haben die für uns 50 wichtigsten Konzepte in der Zoologie herausgesucht, anhand derer wir zeigen möchten, wie faszinierend, vielseitig und relevant sie für die Welt von heute ist. Den Anfang macht **Ursprung & Evolution**, dort wird erklärt, wie die überquellende Vielfalt tierischen Lebens entstand und wie es zu seltsamen Erscheinungen auf einsam gelegenen Inseln kommt. In den folgenden zwei Kapiteln sehen wir uns die bekanntesten der großen Tiergruppen an: die **Wirbellosen** und die **Wirbeltiere**. In Kapitel 4 beschäftigen wir uns mit der **Physiologie**, damit, wie die Körper der Tiere ihnen die Anpassung an verschiedene Umgebungen ermöglichen, und betrachten dazu Schlüsselkonzepte wie Atmung und Flugfähigkeit. Im 5. Kapitel schauen wir uns ausschlaggebende Konzepte wie das **Verhalten** an, dieser bemerkenswerten Fähigkeit der Tiere, auf Veränderungen in ihrer Umgebung und untereinander zu reagieren und so ihre Chancen auf Überleben und Fortpflanzung zu erhöhen. Im vorletzten Kapitel geht es um die **Ökologie**, darüber, wie Tiere miteinander und mit ihrer Umwelt interagieren, Faktoren für ihr Vorkommen und ihre Verbreitung. Nur mit ökologischem Wissen können wir hoffen, den Herausforderungen begegenen zu können, denen Tiere in den nächsten Jahrzehnten ausgesetzt sein werden und kommen damit zum Thema des letzten Kapitels **Erhaltung & Ausrottung**. Viele Zoologen würden bestätigen, dass wir Zeugen eines des größten Massensterbens der Erdgeschichte sind. Dass der Mensch die Wurzel dieser Probleme ist, ist unstrittig. Wir haben unseren Planeten gnadenlos ausgebeutet und die Artenvielfalt nicht ausreichend geschützt. Wenn wir überhaupt noch hoffen dürfen, einige der erstaunlichen Arten in ihrer natürlichen Umgebung zu schützen, müssen wir jetzt handeln. Nur, wenn wir unsere zerstörerische Rolle akzeptieren und alles daransetzen, erhaltend einzugreifen, können auch zukünftige Generationen wie wir über die Großartigkeit tierischen Lebens staunen.

Das Leben ist wahrhaft wertvoll. Lassen Sie uns gemeinsam mehr über diese erstaunlichen Wesen erfahren, gemeinsam unsere Umwelt lieben und die unzähligen Tieren, die sie erhält, und schützen, was nachfolgende Generationen vorfinden können.

URSPRUNG & EVOLUTION

URSPRUNG & EVOLUTION
GLOSSAR

analog Bezieht sich auf ein Merkmal, das sich durch konvergente Evolution als Lösung für ein Problem entwickelt, aber ohne gemeinsame evolutionäre Geschichte, etwa die Flügel bei Vögeln und bei Insekten.

Basen und Dreierverschlüsselung Begriffe speziell aus der Genetik: DNS setzt sich aus den Nukleotid-Basen A, C, T und G zusammen (U ersetzt T in der RNS). Basen in Triplets (Dreiergruppen) spezifizieren die Aminosäurebausteine von Proteinen.

Bilateria Tiere mit drei Körperachsen: links-rechts, dorsal-ventral (Rücken-Bauch) und anterior-posterior (Kopf-Schwanz).

Choanoflagellaten Gruppe einzelliger Organismen, die isolierten Choanozyten von Schwämmen ähneln. Sie sind die am engsten mit Tieren verwandten Einzeller.

Choanozyten Zellen eines Schwamms mit einer schlagenden Geißel, umgeben von einem Kragen (griech. choana), saugen Wasser und Nahrung durch den Schwamm.

Conodonten Aal-ähnliche, im Wasser lebende Wirbeltiere.

DNS Molekül, das die chemische Bauanleitung für individuelle Organismen enthält, aus vier Molekülen bestehend: Adenin A, Cytosin C, Thymin T und Guanin G. Die Anordnung der Buchstaben ergibt den DNS-Code.

eukariotisch Bezeichnet die Gruppe der Organismen, die einen Zellkern mit homologer DNS besitzen: ähnliche Merkmale, geerbt von einem gemeinsamen Vorfahren, wie die Vordergliedmaße von Wirbeltieren.

Geißel (Flagellum) Peitschenähnliche Struktur an Zellen, dienen auch der Fortbewegung.

Genomduplikation Phase in der Geschichte der Tetraploiden, in der alle Gene verdoppelt wurden, anschließend wurde der doppelte Satz wieder verdoppelt, von 1 auf 2 auf 4 Genkopien bei Wirbellosen.

geologische Zeitskala Einteilung in Zeitalter (z. B. Paläozoikum, Mesozoikum) und Abschnitte (z. B. Trias, Jura, Kreide), definiert durch die jeweiligen Fossilien. Veränderungen bei Fossilien, der eigentliche Zeitpunkt des Aussterbens, markieren geologische Zeitspannen.

heterotroph Organismus, der sich von organischem Material ernährt.

homolog Ähnliche Eigenschaften, die aufgrund eines gemeinsamen Vorfahrens geteilt werden, z. B. Vordergliedmaße der Wirbeltiere.

Industriemelanismus Bezeichnet die sich ausbreitende Ausbildung pigmentierter Varianten z. B. bei Baumstämmen aufgrund der Umweltverschmutzung, die zu einer Verdunklung der Habitate führt.

Klade Gruppe von Organismen, die sich gleiche Merkmale aufgrund eines gemeinsamen Vorfahrens teilen. Vögel sind ein Beispiel für eine Klade.

Knochenfische Grätige Strahlenflosser wie Kabeljau oder Goldfisch.

konvergente Evolution Prozess, der geteilte Probleme auf ähnliche Art löst, unabhängig von evolutionärer Verwandtschaft, führte zur Flugfähigkeit von Vögeln und Fledermäusen, deren Arme sich unabhängig voneinander in Flügel verwandelten.

K-T MS Abkürzung für das Massensterben an der Kreide-Paläogen-Grenze vor ungefähr 66 Millionen Jahren, als die Dinosaurier ausgelöscht wurden.

Monophyletische Gruppe Organismen, die den letzten gemeinsamen Vorfahren und alle seine Nachfahren, lebend oder ausgestorben, umfassen.

Nische Ökologische Voraussetzungen einer Art oder Population, umfasst alle Aspekte, die eine Art für das Überleben benötigt.

Phylum (pl. Phyla), auch Stamm: erster taxonomischer Rang von Tieren unter dem Reich.

Protist Einzelliger Organismus. Es gibt Protisten-Partner in allen mehrzelligen Reichen: Plantae, Animalia und Fungi.

RNS Molekül mit derselben Sequenz wie die DNS (siehe gegenüber), trägt den Code zur Transkription von Proteinen. Die RNS ersetzt Thymin durch Uracil, statt „T“ weist sie demnach ein „U“ auf.

Tetrapode Landwirbeltier mit vier Gliedmaßen.

Transkription Prozess, bei dem der „ACTG“-Code der DNS in den „ACUG“-Code der RNS kopiert wird.

Übersetzung Verwandlung des „ACUG“-„Triple-Codes“ der RNS in die Aminosäurensequenz von Proteinen.

Zentrales Dogma (der Molekularbiologie) DNA im Zellkern wird kopiert, es entsteht ein RNA-Molekül mit der molekularen Anweisung, Proteine zu bilden.

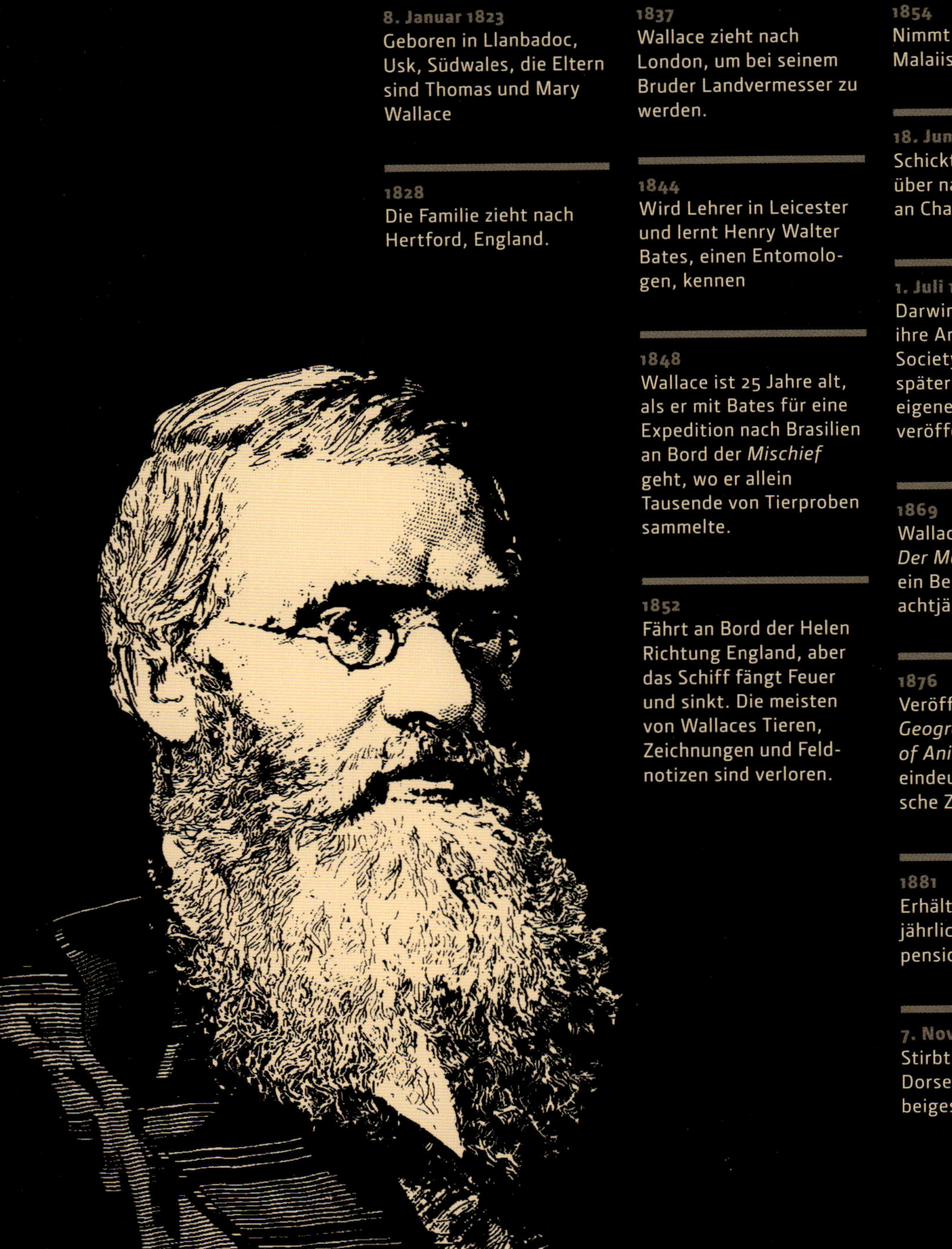

8. Januar 1823
Geboren in Llanbadoc, Usk, Südwales, die Eltern sind Thomas und Mary Wallace

1828
Die Familie zieht nach Hertford, England.

1837
Wallace zieht nach London, um bei seinem Bruder Landvermesser zu werden.

1844
Wird Lehrer in Leicester und lernt Henry Walter Bates, einen Entomologen, kennen

1848
Wallace ist 25 Jahre alt, als er mit Bates für eine Expedition nach Brasilien an Bord der *Mischief* geht, wo er allein Tausende von Tierproben sammelte.

1852
Fährt an Bord der Helen Richtung England, aber das Schiff fängt Feuer und sinkt. Die meisten von Wallaces Tieren, Zeichnungen und Feldnotizen sind verloren.

1854
Nimmt an Expedition zum Malaiischen Archipel teil

18. Juni 1858
Schickt seinen Aufsatz über natürliche Auslese an Charles Darwin

1. Juli 1858
Darwin und Wallace legen ihre Arbeit der Linnean Society vor, ein Jahr später wird Darwins eigenes Meisterstück veröffentlicht.

1869
Wallace veröffentlicht *Der Malaiische Archipel*, ein Bericht über seinen achtjährigen Aufenthalt.

1876
Veröffentlichte *The Geographical Distribution of Animals*, worin er eindeutige biogeografische Zonen identifiziert.

1881
Erhält fortan eine jährliche Regierungspension

7. November 1913
Stirbt in Broadstone, Dorset und wird dort beigesetzt

ALFRED RUSSEL WALLACE

Alfred Russel Wallace war ein ungewöhnlicher Kandidat für einen Wissenschaftler, der im 19. Jahrhundert große Berühmtheit erlangen sollte. Geboren 1823 im heutigen Monmouthshire in Südwales als Sohn eines Anwalts mit bescheidenem Einkommen, verließ er die Schule mit 14 und folgte seinem älteren Bruder nach London, um bei ihm Landvermesser zu werden. Allerdings entdeckte er die Botanik für sich und kehrte Anfang der 1840er Jahre seinem Beruf den Rücken und war ein Jahr lang Lehrer in Leicester. Kurz war er noch einmal als Landvermesser tätig, aber seine Leidenschaft für die Biologie bekam die Oberhand.

Sozial und politisch wurde Wallace von dem walisischen Frühsozialisten Robert Owen beeinflusst, aber auch von den großen Wissenschaftsautoren seiner Zeit, darunter der preußische Gelehrte Alexander von Humboldt, Charles Darwin und der (ursprünglich) anonyme Autor des naturgeschichtlichen Werks *Vestiges of the Natural History of Creation* von 1844 (später wurde als Verfasser der schottische Evolutionstheoretiker und Verleger Robert Chambers bekannt).

Auf seinen Expeditionen begann Wallace, wissenschaftlich zu arbeiten, er sammelte exotische Tiere und beschrieb die Biogeografie verschiedener Teile der Erde. Er bereiste das Amazonas-Becken (1848–1852) und das Malaiische Archipel (1854–1862), trug mehr als 100.000 Arten zusammen und beschrieb Hunderte neuer Arten. Als Wallace auf den Molukken an Malaria erkrankte, überkam ihn die Erkenntnis, warum es auf den Inseln, die er in Südwest-Asien bereiste, einzigartige Arten gab, wie Darwin es auf den Galapagos-Inseln erlebte.

Wallace und Darwin dachten offensichtlich in dieselbe Richtung. Ihre Schriften zeigen, dass sie unabhängig voneinander zu ähnlichen Schlussfolgerungen über die Natur der Natur kamen. Wallace hielt seine Überlegungen in der Abhandlung *On the Tendency of Varieties to Depart Indefinitely from the Original Type fest*. Zusammen mit Darwins *Extract from an Unpublished Work on Species* wurde sie 1858 der Linnaean Society in London vorgelegt.

1869 brachte Wallace mit *Der Malaiische Archipel* sein meistgelobtes Buch heraus. Darin beschreibt er die acht Jahre, die er dort verbracht hatte. Ein zentraler Punkt seiner Forschung war die biogeografische Grenze – die Wallace-Linie – zwischen den Inseln Bali und Lombok. Lediglich 35 Kilometer voneinander getrennt, gehören sie zu verschiedenen biogeografischen Zonen mit abweichende Evolutionsgeschichte: Im Osten die australische Flora und Fauna, im Westen die asiatische.

Später zog sich Wallace aus der Öffentlichkeit zurück, erhielt aber zu Lebzeiten Anerkennung für seine Arbeit über die natürliche Selektion. Der Titel seines 1889 erschienen Buchs über Evolutionsbiologie prägte den Begriff, den wir heute noch nutzen: Darwinismus.

Neil Gostling

GENE

30-Sekunden-Zoologie

Gene sind die DNS-Anweisungen zur Produktion von Organismen. Wirbellose besitzen etwa 10.000 Gene, Landwirbeltiere um die 25.000, was den Beweis für die Genomduplikation liefert, Episoden, in denen sich die Zahl der Gene in Wirbeltierlinien exponentiell vermehrten. Die Vermutung darüber verstärkte sich nach der Entdeckung eines weiteren Satzes Gene, der Homöobox (abkürzt: Hox), mit der Wirbeltieren vier Kopien jedes Hox-Gens zur Verfügung stehen, im Gegensatz zu jeweils einer Kopie bei Wirbellosen. Hox-Gene aller Bilateria (Tiere mit drei Körperachsen) enthalten ihren kompletten Bauplan für die embryonale Entwicklung von Kopf bis Fuß und weisen den Zellen ihre Position im Körper zu, damit der jeweilige Bereich seine vorgesehene Struktur erhält. Tetrapoden besitzen viermal so viele Hox-Gene wie Wirbellose. Die Anzahl der Gene allein erklärt allerdings nicht, warum wir uns von anderen Tieren unterscheiden. Menschen haben dieselbe Anzahl Gene wie Schimpansen, Haie, Hühner und Schlangen, Knochenfische wie Kabeljau oder Zebrafische doppelt so viele wie wir. Die Art der Gen-Verwaltung und die Komplexität der Gen-Interaktion ist bei Weitem bedeutender bei der Bestimmung des entstehenden Organismus als lediglich die Zahl seiner Gene.

3-SEKUNDEN-SEKTION

Das „zentrale Dogma" der Genetik lautet DNS → RNS → Protein: Ein Gen wird zu RNS transkribiert, dann in ein Molekül übersetzt, das eine bestimmte Funktion in den Zellen lebender Organismen erfüllt.

3-MINUTEN-SYNTHESE

Hox-Gene und ihre Bedeutung für den Bauplan von Organismen wurden in der Fruchtfliege *Drosophila* entdeckt. Wenn Hox-Gene an die falsche Stelle gelangen, weicht das Erscheinungsbild ab. Das geschieht bisweilen auf natürliche Weise, so dass Fruchtfliegen ein Bein wächst, wo ein Fühler sein sollte. Bei Landwirbeltieren stellte die steigende Anzahl an Hox-Genen das nötige Handwerkszeug bereit, damit aus Flossen Gliedmaße wurden und fünffingrige Hände entstanden, die für das Schreiben dieser Zeilen notwendig waren.

VERWANDTE THEMEN

Siehe auch
NATÜRLICHE SELEKTION
Seite 18

PHYLOGENETIK & ARTENVIELFALT
Seite 22

30-SEKUNDEN-TEXT

Neil Gostling

Ob bei Fischen, Fliegen oder Menschen – es gibt Gene für den Bausatz aller Körper.

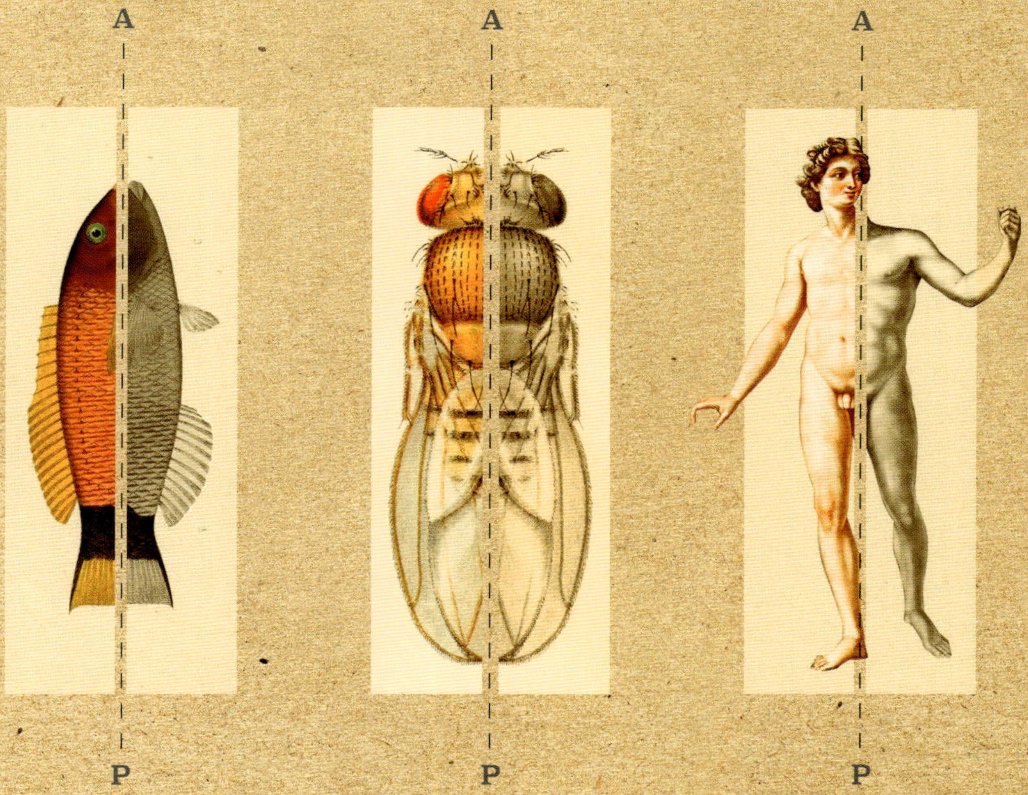

A A A

P P P

NATÜRLICHE SELEKTION

30-Sekunden-Zoologie

Die natürliche Selektion ist der große Gedanke, durch den sich Charles Darwins Schriften über die Evolution von früheren Erklärungen des Wandels der Tiere unterscheidet. Die Evolution durch natürliche Selektion beruht auf drei simplen Prämissen: Erstens sind natürliche Ressourcen begrenzt, daher dürfen sich nicht alle Lebewesen fortpflanzen. Zweitens unterscheiden sich Individuen anhand ihrer Merkmale, die entscheiden, ob sie in der Lage sind, Ressourcen zu nutzen und zu überleben. Drittens pflanzen sich Individuen mit solchen Merkmalen mit höherer Wahrscheinlichkeit fort und geben ihre Gene weiter. So einfach ist das. Die Umwelt ist ein Filter, der bestimmt, wer und somit welche Merkmale es in die nächste Generation schaffen. Verändert sich die Umwelt, verändert sich der Filter, die Arten müssen sich anpassen und weiterentwickeln. Ein Beispiel dafür ist der Industriemelanismus. Der Birkenspanner hat typischerweise einen weißen Körper mit schwarzen Flecken, womit er sich kaum von Birkenstämmen abhebt. In der Industriellen Revolution verdunkelte sich die Rinde durch Luftverschmutzung und die Spanner wurden leichte Beute von Vögeln. Eine seltene dunkle Variante des Spanners kam gut über die Runden und entwickelte sich dominant. Mit der Bekämpfung der Luftverschmutzung wurden die dunklen Spanner seltener, weil der Umweltfilter der rußbedeckten Bäume entfernt wurde.

3-SEKUNDEN-SEKTION
Die ihrer Umwelt am besten angepassten Individuen gelangen an Ressourcen, werden zu Erwachsenen und pflanzen sich fort, ihre Merkmale bleiben in der nächsten Generation erhalten.

3-MINUTEN-SYNTHESE
Die Evolution ist die beobachtete Realität, dass Leben sich verändert, der Mechanismus dafür ist die natürliche Selektion. Die heute lebenden Organismen haben einen einzigen gemeinsamen Vorfahren, der sich vor 4 Milliarden Jahren entwickelte. Umgebungen, die sich verändern, lassen auch Organismen sich verändern. Da sie so gut an ihre Umwelt angepasst sind, scheint das alles so geplant gewesen zu sein, aber häufig ist dies das Resultat von Nichtvermehrung und Sterben der weniger gut angepassten Organismen.

VERWANDTE THEMEN
Siehe auch
GENE
Seite 16

DIE ERSTEN TIERE
Seite 20

3-SEKUNDEN-BIOGRAFIE
CHARLES DARWIN
1809–1882
Englischer Naturkundler und Autor vieler Bücher, u. a. *Über die Entstehung der Arten* (1859). Seine fundamentalen Werke erklären die Natur.

30-SEKUNDEN-TEXT
Neil Gostling

Es war ein Gehirn wie das Darwins nötig, um allein durch Ansehen zu erkennen, dass eine Orchidee auf Madagaskar einen Bestäuber braucht, der einen außergewöhnlich langen Rüssel hat.

DIE ERSTEN TIERE

30-Sekunden-Zoologie

Die ersten Tiere entwickelten sich vor über 700 Millionen Jahren aus ihren verwandten Protisten, den Choanoflagellaten. Choanoflagellaten (von griechisch choane = Geißel) sind seltsame Einzeller mit einem trichterförmigen Kragen um eine Geißel. Gewöhnlich leben sie solo, bilden aber auch Ansammlungen und verfügen über Zelladhäsion und -signalmoleküle, die für die Multizelluarität von „Tieren" notwendig sind. (Und wirklich sehen die Choanozyten an den Innenseiten von Schwämmen fast genauso wie sie aus und stehen für die Nähe zwischen Tieren und Choanoflagellaten.) Tiere sind nicht nur vielzellig, sondern auch mobile Heterotrophen, das bedeutet, dass sie ihre Nahrung aus dem Verzehr anderer Dinge beziehen. Im Kambrium (vor 542–510 Millionen Jahren) fand eine rasante Diversifikation der Tiere statt. Die meisten der Phyla – den größten heute lebenden Tiergruppen, einschließlich der Chordatieren, zu denen Wirbeltiere (Tiere mit Wirbelsäule) gehören – tauchen als Fossilien des Kambriums auf. Die außergewöhnliche Diversifikation wird auf ein „Wettrüsten" zurückgeführt, bei der Raub- und Beutetiere immer empfindlichere Augen entwickelten, durch die sie entweder zum Jäger oder zum Gejagten wurden, und Skelette, die sie schützten. Vermutlich wird das kambrische Fossilverzeichnung durch die Evolution des Versteinerns gespeist – Tiere mit hartem Körper, die sich kurz zuvor entwickelten.

3-SEKUNDEN-SEKTION
Von den ca. 2 Millionen benannten Tierarten sind etwa Zweidrittel Insekten (die Hälfte davon Käfer) und um die 50.000 Chordaten, darunter ungefähr 5000 Säugetiere.

3-MINUTEN-SYNTHESE
Dickinsonia, ein 558 Millionen altes Fossil eines großen, flachen Organismus' – manchmal als Pilz, manchmal als Bakterienmatte bezeichnet –, war ein Tier. 2018 wurde bei ihm Cholesterol isoliert. Dabei stellte sich raus, dass diese Art heute noch bei Tieren vorkommt. Die kambrischen Phyla gibt es auch heute noch, aber Tiere „experimentierten" mit Körperbauplänen, lange bevor ein Tier vor 542 Millionen Jahren einen eigenen Weg einschlug.

VERWANDTE THEMEN
Siehe auch
GENE
Seite 16

PHYLOGENETIK & ARTENVIELFALT
Seite 22

CHORDATIERE
Seite 56

3-SEKUNDEN-BIOGRAFIE
CHARLES DOOLITTLE WALCOTT
1850–1927
Amerikanischer Paläontologe, der 1909 die Burgess-Schiefer-Formation in British Columbia, Kanada entdeckte, einer der frühesten Fossilienfunde, bemerkenswert aufgrund des Erhalts der weichen Teile der Fossilien.

30-SEKUNDEN-TEXT
Neil Gostling

In der kambrischen Zeitspanne vor 542 Millionen Jahren waren schon fast alle der Phyla präsent, also eine riesige Vielfalt an Tierarten.

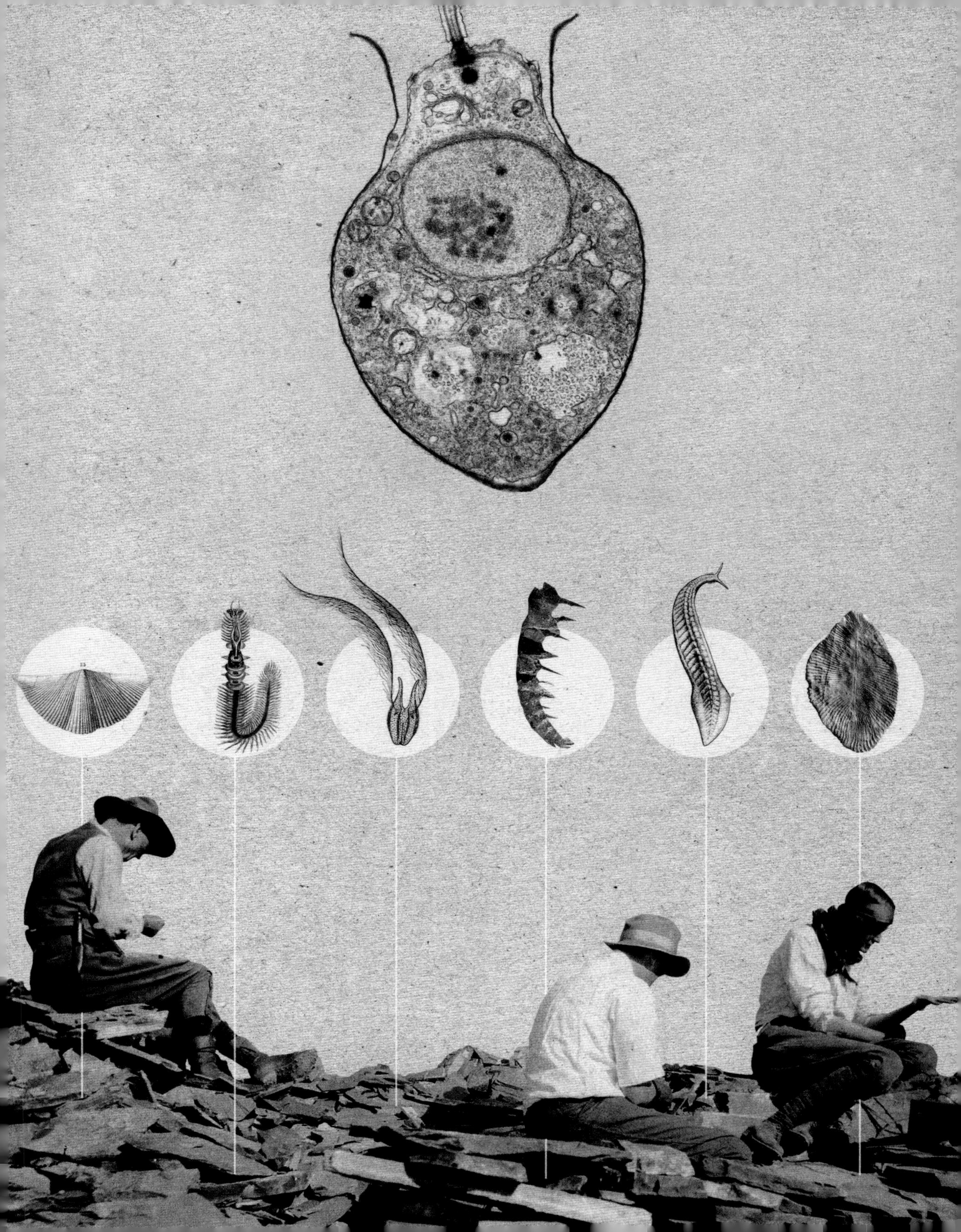

PHYLOGENETIK & ARTENVIELFALT

30-Sekunden-Zoologie

Den Schätzungen nach existieren etwa 9 Millionen eukaryotische Arten, darunter zwei Millionen Tiere, davon mehr als die Hälfte Insekten. Säugetiere sind mit lediglich 5000 Arten vertreten, Vögel mit 10.000. Die Nomenklatur – die Benennung aller Organismen durch den schwedischen Wissenschaftler Carl von Linné – bildete mehr als zwei Jahrhunderte lang die Basis der biologischen Klassifizierung. Sein System war hierarchisch und ohne evolutionären Zusammenhang. Das Konzept der Phylogenese entstand mit Darwins Evolutionstheorie. Dafür werden morphologische und molekulare Merkmale verglichen, ein Vorfahre ist nötig und alle Nachkommen, lebend oder ausgestorben. Dadurch sollen alle Gruppen von Organismen gemäß ihrer Verwandtschaft klassifiziert werden. Dabei geht es um Kladen – Gruppen, die Vorfahren entstammen, deren Nachkommen gemeinsam monophyletische Gruppen bilden. Die Phylogenese hält sich nicht an von Linnés Hierarchie (Art, Gattung, Familie, Ordnung, Klasse, Stamm und Reich), um die Evolutionsgeschichte darzustellen. So ist die Linnéische Klasse der Reptilien nicht monophyletisch, weil Reptilien ihren letzten gemeinsamen Vorfahren mit Vögeln und Säugetieren teilen und somit keine Gruppe sind. Dieser gemeinsame Vorfahr, der sich in das Karbon (vor 330 Millionen Jahren) datieren lässt, war das erste Tier, dessen Eier eine Amnionmembran hatten.

3-SEKUNDEN-SEKTION
Phylogenetik erforscht die Abstammung, verbindet Genetik, Vergleichende Anatomie und Mathematik mit Informatik, um die Familienstammbäume der Arten zu erstellen.

3-MINUTEN-SYNTHESE
Phylogenetik basiert auf entwickelten, gemeinsamen Merkmalen und führt Darwins Idee der verschachtelten Gruppen fort. Zentral ist dabei das Erkennen homologer Merkmale, die bei gleicher Abstammung abgeleitet sind. So sind beispielsweise die Vordergliedmaße von Wirbeltieren (Flossen, Hundebeine, menschliche Arme und Vogelflügel) homolog als Resultat gemeinsamer Vorfahren. Aber obwohl die Flügel von Vögeln und Fledermäusen dieselbe Funktion besitzen, sind sie analog, also unabhängig voneinander entstanden.

VERWANDTE THEMEN
Siehe auch
NATÜRLICHE SELEKTION
Seite 18

DIE ERSTEN TIERE
Seite 20

3-SEKUNDEN-BIOGRAFIE
CARL VON LINNÉ
1707–1778
Schwedischer Botaniker, schrieb *Systema Naturae* (1735), erfand das binäre System zur Klassifizierung von Pflanzen und Tieren.

WILLI HENNIG
1913–1976
Vater der systematischen Phylogenetik, die die Taxonomie gänzlich in einen evolutionären Rahmen rückte, was der Klassifizierung von Linné fehlte.

30-SEKUNDEN-TEXT
Neil Gostling

Vögel, Säugetiere und Reptilien pflanzen sich über amniotische Eier fort, sie finden sich in der monophyletischen Gruppe der Amnioten, eierlegende Fische und Amphibien hingegen nicht.

MASSENSTERBEN

30-Sekunden-Zoologie

3-SEKUNDEN-SEKTION
Von Massensterben spricht man, wenn mehr als 60 Prozent der Arten in weniger als einer Million Jahre verschwinden.

3-MINUTEN-SYNTHESE
Auf einer geologischen Zeitskala sind MS „plötzliche" Ereignisse, jedoch existiert ein ständiger natürlicher Prozess, bekannt als Hintergrundsterben. Die Lebensspanne einer Art ist zwar schwer zu berechnen, aber angenommen werden 1–4 Millionen Jahre. Man nimmt an, dass menschliche Aktivitäten das Hintergrundsterben von Pflanzen und Tiere um das Tausendfache beschleunigen. Der augenblickliche Verlust der Biodiversität lässt ein sechstes MS vermuten.

Aussterben ist Teil der Evolution. Im Lauf der letzten 500 Millionen Jahre fanden fünf Massensterben (MS) und viele kleinere Ereignisse statt. Das erste MS im Ordovizium geschah vor 450 Million Jahren – viele Meeresbewohner verschwanden im Zuge der globalen Abkühlung. Im MS des Devons (vor ca. 364 Millionen Jahre) starben mehr als die Hälfte der Meeresgattungen – Korallen, Wirbeltiere, Trilobiten und Ammoniten – aus. Im Perm (vor 252 Millionen Jahren) starben 96 Prozent aller Arten aufgrund von breitgefächerter Vulkanaktivität, verursacht durch rasanten Klimawandel. Insekten erlebten ein einziges Massensterben, Trilobiten starben gleich ganz aus, ebenso die dominanten säugetierähnlichen Reptilien. Die freigewordenen Lebensräume ermöglichten die Ausbreitung anderer Reptilien und ihre Evolution zu Dinosauriern. Am Ende des Trias (vor ca. 200 Millionen Jahren) starb die Hälfte aller Gattungen aus, darunter Amphibien, Reptilien und Conodonten. Dinosaurier wurden im Mesozoikum zu dominanten Landlebewesen und besetzten alle Lebensräume, sogar den Himmel. Als vor 66 Millionen Jahren ein Asteroid auf die Erde prallte, ein Ereignis, das unter dem Namen K-T MS bekannt ist, war dies das Ende der Dinosaurier und dem Großteil der Vögel. Eine Gruppe, ein Überbleibsel aus dem Perm, konnte sich daraufhin diversifizieren und zu den Säugetieren werden, die wir heute kennen.

VERWANDTE THEMEN
Siehe auch
KLIMAWANDEL
Seite 138

HABITATVERLUST
Seite 140

MENSCH-TIER-KONFLIKT
Seite 148

3-SEKUNDEN-BIOGRAFIE
MICHAEL BENTON
1956–
Britischer Paläontologe, Autor von *When Life Nearly Died* über das MS im Perm

30-SEKUNDEN-TEXT
Neil Gostling

Massensterben sind wiederkehrende Ereignisse in der Evolutionsgeschichte, die zum Aussterben einiger Arten führen, gleichzeitig anderen die Chance bietet, sich weiterzuentwickeln.

INSELPHÄNOMENE

30-Sekunden-Zoologie

Das Inselleben ermöglicht es Populationen, in Isolation von anderen ihrer Art zu leben. Aber die Ressourcen dort sind begrenzt, was zu verrückten Evolutionsprozessen führen kann. Wer das meiste aus der Umgebung zieht, überlebt und pflanzt sich fort. Wenn eine neue Umgebung weniger Nahrung bietet oder es keine Fressfeinde gibt, kommen kleinere Individuen mit weniger Futter aus oder brauchen nicht größer zu werden, weil sie nicht vor Feinden fliehen müssen. Auf Malta zum Beispiel wurden Fossilien von Zwergelefanten gefunden, deren Schultermaß weniger als einen Meter betrug. Während Tiere auf Inseln meist schrumpfen, wird das eine oder andere Tier größer, um eine Rolle auszufüllen. Auf den Galapagosinseln gab es keine Säugetiere, so wuchsen die Schildkröten zu Giganten und wurden zum dominanten großen Pflanzenfresser. Der Dodo auf Mauritius war eine (sehr) große Taube. Wie andere Vögel auf isolierten Inseln wurde er flugunfähig, was wie die Größenänderung durch Tausch erklärbar ist. Fliegen ist energieintensiv. Bietet es keine Vorteile mehr, wird es hinderlich. Individuen, die keine Energie ins Fliegen investieren, können sich stärker auf die Fortpflanzung konzentrieren und verschaffen sich dadurch einen Vorteil. Die Fähigkeit zu fliegen geht verloren. Anpassen oder sterben – die Geschichte der Evolution.

3-SEKUNDEN-SEKTION

Arten reagieren auf Umweltbedingungen oder sterben aus. Auf Inseln mit wenig Ressourcen und Feinden führt das häufig zu radikalen Größenänderungen.

3-MINUTEN-SYNTHESE

Das Inselleben verändert nicht nur Tiere wie Elefanten, Schildkröten und Dodos. Eine Linie des Homo (vermutlich H. erectus) lebte isoliert auf Flores, Indonesien und war sehr klein. Entdeckungen zeigten 2003, dass die Population der geschrumpften Menschen wenig größer als einen Meter war. Ihre Isolation erlaubte es ihnen, 12.000 Jahre lang zu überleben, bis unsere eigene Spezies, der Homo sapiens, alle anderen menschlichen Arten auf dem Planeten verdrängte.

VERWANDTE THEMEN

Siehe auch
NATÜRLICHE SELEKTION
Seite 18

PHYLOGENETIK & ARTENVIELFALT
Seite 22

30-SEKUNDEN-TEXT

Neil Gostling

Der Selektionsdruck bei Arten, die Inseln bewohnen, führt bei manchen zu Zwergwuchs, bei anderen zu Gigantismus.

WIRBELLOSE

WIRBELLOSE
GLOSSAR

abgeleitetes Merkmal Merkmal oder Eigenschaft einer Art, die ihre Vorfahren nicht hatten.

Bilateria Tiere mit drei Körperachsen: links–rechts, dorsal–ventral (hinten–vorne) und anterior–posterior (Kopf–Schwanz).

Biomasse Gesamtanzahl oder -masse von Organismen in einem gegebenen Gebiet.

Biosynthese Biologischer Prozess, bei dem Moleküle in komplexere Produkte umgewandelt werden, häufig in vielen Schritte und durch Enzyme katalysiert.

Blumentiere Korallen und Anemonen in Form von Polypen, gehören zu den Nesseltieren.

Ctenidien Kamm- oder federartige Kiemen, Teil des Atemapparates von Mollusken.

Chaeta (pl. Chaetae) Körperhaare oder Borsten.

Chemorezeptor Sinneszelle oder -organ, das chemische Stimuli erfasst, wie riechen oder schmecken, und die Information an das zentrale Nervensystem übermittelt.

Chitin Material, aus dem das Exoskelett von Gliederfüßern, Raspelzungen der Mollusken, Fischschuppen und einigen Amphibien sowie die Schnäbel von Kopffüßern wie Krake und Tintenfisch bestehen.

Choanozyten Zellen in Schwämmen mit einer schlagenden Geißel, die von einem Kragen (griech. *choana*) umgeben ist, und die Wasser und Nahrungsteilchen durch den Schwamm befördern.

Clitellum Dicker, sattelartiger Teil eines Wurms oder Egels, dient als Eierspeicher.

Detritivor Organismus, der sich totem organischen Material ernährt.

Deuterostomia „Zweiter Magen", Gruppe der Bilateria mit gleicher embryonaler Entwicklung, wie Chordatiere, Echinoderme und Hemichordaten.

Endoparasit Parasit, der in den Organen und im Gewebe des Wirtstiers lebt.

eusozial/Eusozialität Höchste Form des Sozialverhaltens, beobachtet bei Tieren wie Wespen und Bienen, umfasst generationsübergreifende Brutpflege und die Einteilung in reproduktive und nicht-reproduktive Arbeiterinnen sowie reproduktive Königinnen.

Flagellum (pl. Flagella) Peitschenähnliche Struktur, ragt aus Zellen heraus, dient häufig der Fortbewegung.

Häutung (Ekdysis) Prozess des Abstoßens und Erneuerns von Haut. Die Haut wird abgestoßen, weil sie sich nicht dehnt, wenn das Tier wächst.

Häutungstiere Gruppe von Urmündern, die neben Arthropoden und Nematoden die Stämme Bärtierchen, Stummelfüßer, Saitenwürmer, Priapswürmer, Hakenrüssler und Korsetttierchen umfasst. Der Name Häutungstiere bezieht sich auf ein ausgeprägtes Merkmal, eine harte Haut, die in Wachstumsphasen abgeworfen wird.

Hydrazoen Klasse von Nesseltieren mit kleinen, meist im Wasser lebenden Wirbellosen.

Kieferklauen Das erste Paar Gliedmaßen am Kopfsegment eines Kieferklauenträgers.

Klade Zusammenfassung von Organismen, die sich aufgrund gleicher Merkmale als Erbe eines gemeinsamen Vorfahren in einer Gruppe befinden.

Kotstein Fossile Fäkalien.

Lophotrochozoen Gruppe bilateraler Tierstämme, zu denen Mollusken und Ringelwürmer gehören.

Mesogloea Gallertartige Substanz ohne Zellen in Schwämmen und Nesseltieren.

Phylum (pl. Phyla) Erste taxonomische Einteilung der Tiere unterhalb des Reichs.

Sekundärmetabolite Chemische Stoffe, die nicht direkt an normalem Wachstum, der Entwicklung oder Fortpflanzung von Organismen beteiligt sind.

sessil Fest verankert, unbeweglich.

totipotent Fähig, jeden Zelltyp zu bilden.

Vielborster Eine Gruppe von Ringelwürmern mit vielen Körperhaaren.

Wenigborster Gruppe von Ringelwürmern mit wenig Körperhaaren.

Verwandtenselektion Arbeiter sind mit den Nachkommen verwandt und steigern ihre evolutionäre Fitness, indem sie helfen, Geschwister großzuziehen.

Zölom Die Hauptkörperhöhle bei den meisten Tieren, zwischen Darmkanal und Körperwand.

Zytotoxizität Etwas greift Zellen an.

1941
Geboren in Pontiac, Michigan, USA

1963
Beendet mit einem BA in Zoologie ihr Studium an der Universität Michigan, Ann Arbor

1964
Master in Zoologie an der Ann Arbor

1967
Promoviert in Zoologie an der Ann Arbor

1967–1969
Als Post-Doktorandin forscht sie in Harvard

1967–1969
Forschte an der Universität von Valle in Cali, Kolumbien

1975–
Leitende Wissenschaftlerin am Smithsonian Tropical Research Institute in Panama und ab 1979 in Costa Rica

1988
Wird zum Mitglied der US National Academy of Sciences gewählt

2003
Bringt *Developmental Plasticity and Evolution* heraus und erhält den Hawkins Award für das beste wissenschaftliche Buch des Jahres

2009
Wird Vize-Vorsitzende des Komitees für Menschenrechte der National Academy of Sciences

2012
Erhält den Quest Award der Animal Behavior Society für ihre lebenslange Leistung

2018
Schreibt in *Proceedings of the National Academy of Sciences of the United States of America*, dass fötale Wachstumsbedingungen und spätere Fettleibigkeit samt resultierenden kardiovaskulären Krankheiten zusammenhängen.

MARY JANE WEST-EBERHARD

Mary Jane West-Eberhards Familie ermutigte sie enorm in ihrer Wissbegier. In ihrer High School-Zeit lernte sie als Mitglied einer 4-H Gruppe (ein US-Netzwerk von Jugendorganisationen zur Unterstützung der persönlichen Entwicklung) die Insektenkunde kennen. Zwar löste das nicht sofort ihre Liebe zu Insekten aus, aber diese Erfahrung war der Anstoß zu einer Teilzeitbeschäftigung am Zoologischen Museum der Universität von Michigan, die schließlich doch zu ihrer Arbeit über Insekten führte. West-Eberhard studierte Zoologie an der Universität von Michigan, Ann Arbor, dort erhielt sie den Master of Science (1964) und ihren Doktortitel (1967). Als Post-Doktorandin arbeitete sie zwei Jahre an der Universität Harvard, danach im Smithsonian Tropical Research Institute (Panama) und lebte erst in Kolumbien, später, von 1979 bis heute, in Costa Rica.

West-Eberhard machte erstmals mit einer Arbeit über soziale Wespen mit dem Fokus auf die Evolution der Sozialität von sich reden. Wespen sind eusozial – das heißt, dass sie hochentwickeltes soziales Verhalten zeigen, es gibt reproduktive Königinnen, deren Nachkommen von nicht-reproduktiven Weibchen (Arbeiterinnen) versorgt werden. Sie faszinierte die Frage, wie solch ein Verhalten entstand und argumentierte, dass neben der akzeptierten Verwandtenselektion nicht-genetische Faktoren die Evolution eusozialen Verhaltens beeinflussen.

Ihre Arbeit mit sozialen Insekten legte einen neuen Fokus auf phänotypische Plastizität – die Fähigkeit eines Genotyps, unterschiedliche Phänotypen (Formen) zu produzieren. Denken wir an Blattläuse: Bei vielen Arten können, wenn Fressfeinde in der Nähe sind oder es zu voll wird, ungeflügelte Blattläuse geflügelte produzieren, die den Gefahren und dem Gedränge entkommen und neue Kolonien gründen. West-Eberhard behauptet, dass solche Varianten Wasser auf die evolutionäre Mühle sind. 2003 veröffentlichte sie mit *Developmental Plasticity and Evolution* ihre Ansichten über phänotypische Variationen und ihre Wirkung auf die Evolution neuer Arten. Das traf mit Entwicklungen in der Molekularbiologie zusammen, was der evolutionären Entwicklungsbiologie einen rasanten Schub verlieh. Ihr Buch wies die Richtung, in die Forscher ihre Fragen bezüglich Anpassung und Artenbildung richten sollten.

Später erklärte sie anhand ihrer Erkenntnisse, wie schlechte fötale Ernährung zu späterer Fettleibigkeit bei Menschen führt. West-Eberhard sagt, dass das, was ein guter Verteidigungsmechanismus in einer Situation (Kindheit) ist, für uns zum weltweit übelsten Verursacher von Krankheit und Tod wurde. Die Zoologie ist meist dann sehr kontrovers und erkenntnisreich, wenn wir von der Natur lernen und uns mit diesem Wissen neu betrachten.

Mark Fellowes

SCHWÄMME

30-Sekunden-Zoologie

3-SEKUNDEN-SEKTION
Schwämme sind die Schwestergruppe aller Tiere: vielzellig, ohne Atmungs- und Nervensystem, Blutkreislauf, Organe und Körpersymmetrie.

3-MINUTEN-SYNTHESE
Weltweit leben etwa 9000 Schwammarten, die meisten im Meer, wo sie auf festen Oberflächen oder bisweilen auf dem Rücken von Krebsen leben, die mit ihnen Nahrung gegen Schutz tauschen. Ihre Geißeln schlagen zur Futtersuche auf das Wasser und erzeugen Ströme. Ihr wissenschaftlicher Name Porifera, Porenträger, bezieht sich auf die vielen Öffnungen, über die Schwämme Nahrung und Sauerstoff aufnehmen und über einen stetigen Wasserdurchlauf Abfallstoffe ausspülen.

Die bewegungslosen Schwämme wurden zunächst den Pflanzen zugeordnet, aber sie sind Tiere mit relativ wenig Zelltypen, angeordnet um ein Skelett aus starkem Protein, dem Kollagen Spongin. Sie besitzen lediglich zwei Schichten Zellen, die durch eine gallertartige Schicht, dem Mesohyl, getrennt werden. Die primitiven Wirbellosen besitzen beeindruckende regenerative Eigenschaften, die sie totipotenten Zellen namens Archäozyten verdanken, die in der Lage sind, sich zu allen anderen Zelltypen auszubilden. Schwämme werden nach ihrem Spiculum (Skelett) aus Kalk oder Silizium klassifiziert: Demonspongiae, die artenreichste Gruppe, zu der auch die Badeschwämme gehören, Calcarea mit einem Kalkskelett und Hexactinellida oder Glasschwämme mit einem Silizium-Spiculum. Schwämme scheinen ihren Fressfeinden gegenüber oder im Kampf um Lebensraum wehrlos zu sein, aber ihnen steht ein Arsenal an chemischen Waffen zur Verfügung, die zytotoxisch, fraßverhindernd oder antibiotisch wirken. Ihre Waffen zeigen erstaunliche strukturelle Ähnlichkeiten mit Metaboliten mikrobiellen Ursprungs, was auf Mikroorganismen als Quelle der Metaboliten hinweist oder auf eine enge Verknüpfung mit ihrer Biosynthese. Schwämme leben symbiotisch mit bisweilen Hunderten von unterschiedlichen Bakterienarten, die bei einigen Arten bis zu 40 Prozent ihrer Biomasse ausmachen.

VERWANDTE THEMEN
Siehe auch
QUALLEN, KORALLEN, ANEMONEN & MEHR
Seite 36

STACHELHÄUTER
Seite 38

3-SEKUNDEN-BIOGRAFIE
ROBERT EDMOND GRANT
1793–1874
Schottischer Anatom und Zoologe, entdeckte, dass Wasser durch kleinere Öffnungen in Schwämme eindringt und durch größere austritt. Er bewies, dass Schwämme Tiere sind, und soll sie Porifera genannt haben.

30-SEKUNDEN-TEXT
Amanda Callaghan

Die Gruppe der Schwämme ist vielfältig, aber alle ernähren sich auf dieselbe Weise, die es ausschließlich beim Phylum Porifera gibt.

QUALLEN, KORALLEN, ANEMONEN & MEHR

30-Sekunden-Zoologie

Der Lebenslauf der Nesseltiere – einem Stamm, zu dem Quallen, Korallen und Anemonen gehören – mit seinen extremen Formwechseln ist außergewöhnlich. Sie entwickeln sich zu sessilen Polypen, freischwimmenden Larven oder becherförmigen Medusen und durchlaufen sexuelle sowie asexuelle Reproduktionsstadien. Blumentiere wie Seeanemonen und Korallen überspringen das Medusenstadium und existieren ausschließlich in der Polypenform, wohingegen scyphozoane Quallen und Hydra den vollen Durchlauf durchwandern. Die Körper der Nesseltiere sind wie Säcke mit einer Öffnung, die sowohl Mund als auch Anus ist, umringt von Tentakeln. Die Tentakel der Quallen zeigen nach unten, die von Anemonen und Korallen nach oben. Es gibt Quallen mit einem Meter Durchmesser und Tentakeln, die länger als 10 Meter sind. Das wohl spektakulärste Nesseltier ist die Portugiesische Galeere (Physalia), eine Kolonie Polypen mit verschiedenen Funktionen, darunter die Bildung eines Segels oberhalb des Meeresspiegels. Harte Korallenpolypen geben Kalziumkarbonat ab, das eine Hülle um das lebende Tier bildet, die meisten leben in Symbiose mit fotosynthetisierenden Algen, Zooxynthellen, weswegen Korallen im flachen Wasser zu finden sind. Korallen fungieren als Ingenieure ihres Ökosystems, sie bilden riesige Riffe, Lebensraum für andere Organismen und schützender Puffer zwischen Meer und Küste.

3-SEKUNDEN-SEKTION
Nesseltiere sind primitive, radialsymmetrische Tiere, die sich durch spezialisierte Nesselzellen auszeichnen, den Cnidozyten oder Nematozysten, aus, mit denen sie jagen oder sich verteidigen.

3-MINUTEN-SYNTHESE
Der Name Cnidaria für Nesseltiere leitet sich von dem griechischen Wort *knide*, Nessel, ab. Cnidaria besitzen nur zwei Zellschichten –Ektoderm außen und Entoderm, das die innere Höhle auskleidet, die den Magen bildet. Zwischen den Schichten liegt eine zellfreie gallertartige Substanz, die Mesogloea. Alle Arten sind Wassertiere – die meisten leben im Meer und nicht im Süßwasser. Bisher wurden um die 10.000 Arten Quallen, Hydrozoen, Korallen und Anemonen beschrieben.

VERWANDTE THEMEN
Siehe auch
SCHWÄMME
Seite 34

ÖKOSYSTEM-INGENIEURE
Seite 130

3-SEKUNDEN-BIOGRAFIE
RUTH GATES
1962–2018
Direktorin des Instituts für Meeresbiologie auf Hawaii, studierte die Korallenbleiche und wie Korallenpolypen durch Temperaturanstieg der Meere ihre Algensymbionten verlieren und dadurch sterben.

30-SEKUNDEN-TEXT
Amanda Callaghan

Zum Stamm der Nesseltiere gehören Polypen wie die weichen Anemonen und harten Korallen, die fest mit dem Meeresboden verwachsen sind, aber auch freischwimmende Medusen, darunter Quallen mit vielen Tentakeln und die Portugiesische Galeere.

STACHELHÄUTER

30-Sekunden-Zoologie

Stachelhäuter sehen radialsymmetrisch wie Quallen aus, allerdings nur als erwachsene Tiere. Sie beginnen ihr Leben als freischwimmende, bilaterale Larven und bilden erst später ihre charakteristische radiale (oft fünfseitige) Symmetrie. Ihre embryonale Entwicklung setzt sie auf denselben Ast des Stammbaums wie die zweiseitigen Neumünder, wo auch Wirbeltiere wie wir uns befinden. Alle Stachelhäuter besitzen harte Hautplatten aus Kalziumkarbonatkristall in unterschiedlichen Formen. Fest verwachsen finden sie sich bei Seeigeln, locker verbunden in Seesternen, in Ringform bei Seegurken. Einige Arten sind sesshafte Filtrierer, andere, wie Seeigel und Seesterne, sind Jäger, die sich auf der Suche nach Beute fortbewegen und ihre Mägen und Verdauungsenzyme durch ihre Münder nach außen stülpen. Seegurken, die verletzlich wirken, besitzen tatsächlich eine Rüstkammer an Verteidigungswaffen. Aus ihrem Anus fließen weiße, klebrige, giftige Fäden, Cuviersche Schläuche genannt, die einen potenziellen Angreifer einwickeln oder sogar töten. Wenn sie richtig wütend sind, stoßen sie ihre Gedärme durch ihren Anus über den Jäger aus und müssen anschließend neue ausbilden. Auch Seesterne besitzen erstaunliche Regenerationsfähigkeiten und können abgetrennte Arme nachwachsen lassen oder sich sogar in zwei Tiere teilen.

3-SEKUNDEN-SEKTION
Zu den Stachelhäutern (Echinodermata) zählen Seeigel, Seesterne, Seegurken, Schlangensterne und Seelilien, ihr Name ist griechisch von: *echinos*, Igel und *derma*, Haut.

3-MINUTEN-SYNTHESE
Die meisten Stachelhäuter leben auf dem Meeresboden, Seesterne und Seeigel findet man auch oft in Gezeitentümpeln an der Küste. Einzigartig ist ihr Wassergefäßsystem, eine komplizierte Anordnung von Kanälen, die Meerwasser durch eine Pore leiten, der Madreporenplatte, um unterschiedliche Wasserdrücke zu erzeugen. Das bringt ihre hohlen Röhrenfüße in Bewegung und pumpt sie auf wie dünne Ballons.

VERWANDTE THEMEN
Siehe auch
CHORDATIERE
Seite 56

3-SEKUNDEN-BIOGRAFIE
GEORGES CUVIER
1769–1832
Französischer Naturkundler und Zoologe, gründete die Wissenschaftsbereiche Vergleichende Anatomie und Paläontologie, beschrieb als erster das Ausstoßen toxischer Fäden bei der Seegurke.

ERNST HAECKEL
1834–1919
Deutscher Naturkundler, Zoologe und Philosoph sowie außergewöhnlicher Künstler, der Tausende neuer Arten entdeckte und benannte.

30-SEKUNDEN-TEXT
Amanda Callaghan

Die vielarmigen Stachelhäuter sind allesamt wirbellose Wasserbewohner mit einer harten Schale oder ledrigen Haut.

PLATTWÜRMER

30-Sekunden-Zoologie

3-SEKUNDEN-SEKTION
Platyhelminthes sind bilaterale Plattwürmer, die zwischen mikroskopisch klein bis zu mehreren Metern groß sind. Viele sind Parasiten, andere leben im Meer- und Süßwasser oder in feuchten Landgebieten.

3-MINUTEN-SYNTHESE
Da es keine fossilen Belege für Plattwürmer gibt, wurde ihre Aufnahme in den Baum des Lebens kontrovers betrachtet. Allerdings wurden fossile Eier in 270 Millionen Jahre altem Haikot gefunden. Plattwürmer, Ringelwürmer und Mollusken teilen sich einen gemeinsamen Vorfahren. Platyhelminthes könnten sich aus einem komplexeren Ahnen entwickelt und dabei Merkmale wie den durchgehenden Darm verloren haben, um sich an ein endoparasitäres Leben anzupassen. Die wenigen mit Darm besitzen keinen Anus, sie essen und scheiden über den Mund aus.

Plattwürmer – oder Platyhelminthes – haben weiche, dorsoventral abgeflachte Körper ohne Segmente. Sie haben keinen durchgehenden Darm, kein Zölom oder Kreislauf- und Atmungssystem und nehmen Sauerstoff und Nährstoffe direkt über die Haut auf – praktisch, wenn man in einem anderen Tier wohnt wie die meisten Plattwürmer (darunter die hochspezialisierten Bandwürmer, die sich in den Därmen von Wirbeltieren einnisten). Adulte Tiere sind kaum mehr als Gonaden mit einem Kopf voller Haken, mit denen sie sich an den Eingeweiden ihrer Wirte festhalten, um sich von ihnen zu ernähren. Saugwürmer leben ebenfalls parasitär von Wirbeltieren. Ihre Wirtstiere sind meist Schnecken und Wirbeltiere. Ihre Larven werden von infizierten Schnecken ins Wasser abgegeben, von dort befallen sie Menschen und Tiere, entweder durch direkten Kontakt mit dem Wasser oder durch den Verzehr von nicht durchgegartem Fisch, Krustentieren oder nicht sorgfältig gewaschener, roher Brunnenkresse. Nicht alle Plattwürmer sind Parasiten: Es gibt nicht-parasitäre Strudelwürmer, die Planarien. Sie können auf bemerkenswerte Weise Körperteile neu bilden, weil sie bis ins Erwachsenenalter spezialisierte Stammzellen in sich tragen. Das ist fantastisch für die Würmer, aber auch für die Forschung, die viele Planarien braucht. Statt sie zu züchten, werden sie entzweigeschnitten, um mehr Tiere zu erhalten.

VERWANDTE THEMEN
Siehe auch
RINGELWÜRMER
Seite 44

MOLLUSKEN
Seite 48

3-SEKUNDEN-BIOGRAFIE
KARL GEGENBAUR
1826–1903
Deutscher Vergleichender Anatom und starker Verfechter der Evolutionstheorie, prägte den Namen Platyhelminthes und unterteilte den Stamm in vier Klassen.

30-SEKUNDEN-TEXT
Amanda Callaghan

Viele Plattwürmer wie Bandwürmer und Egel bewohnen zufrieden die Körper ihrer Wirte – von Menschen bis zu Schnecken.

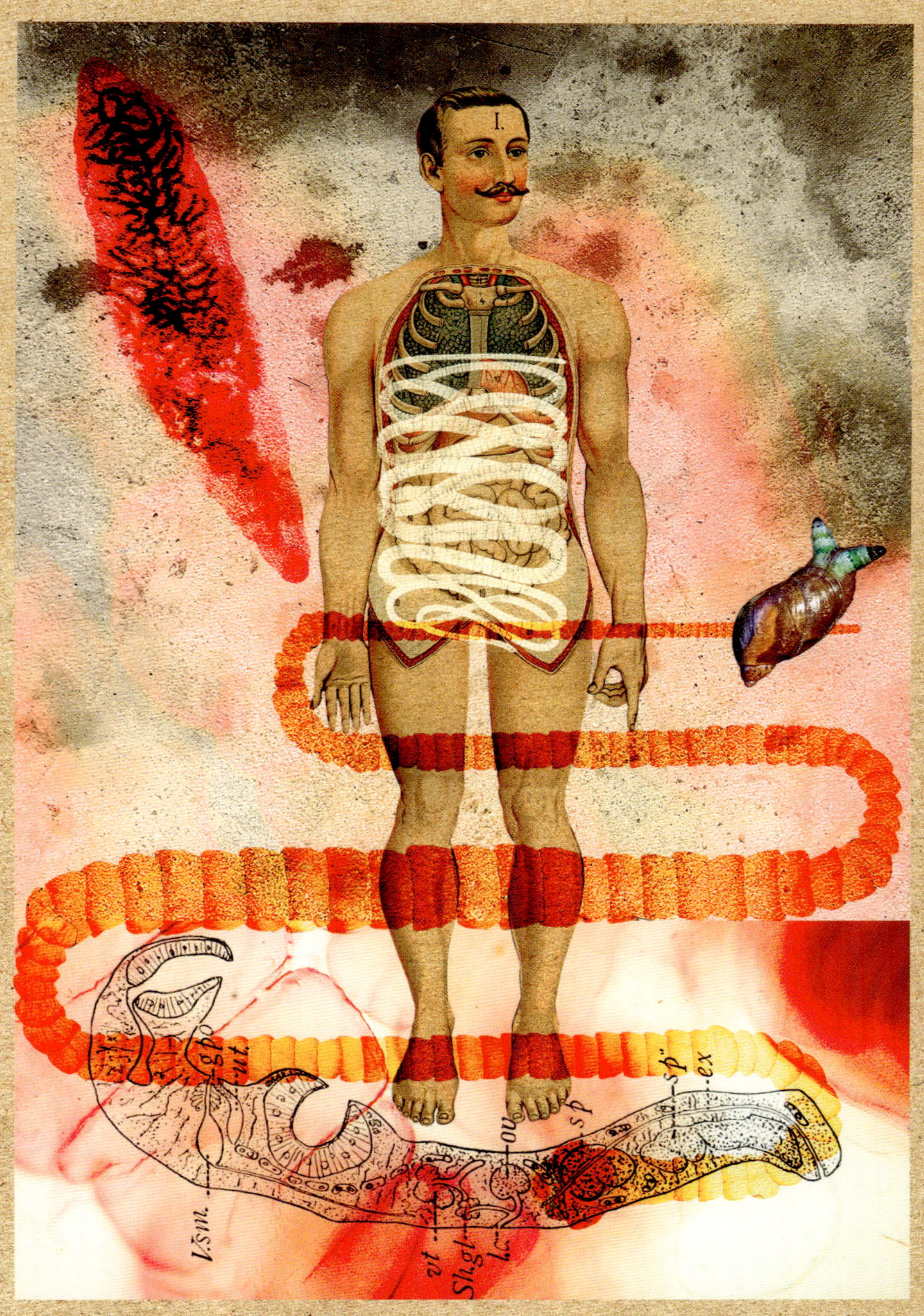

RUNDWÜRMER

30-Sekunden-Zoologie

Zwar lautet der allgemein übliche Name für Nematoden Rundwürmer, dabei bezieht sich „Wurm“ allerdings umgangssprachlich auf ihre Körperform und nicht auf evolutionäre Verwandtschaft. Rundwürmer befinden sich auf demselben Ast des Lebensbaums wie Arthropoden einer Klade namens Häutungstiere. Wie Insekten und Krustentiere werfen sie ihren Panzer in einem Wachstumsprozess namens Ekdysis ab. Anders als bei Arthropoden fehlt ihrer Haut das Polysaccharid Chitin, stattdessen besitzen sie das tierische Protein Kollagen, das auch in menschlicher Haut vorkommt. Nematoden besitzen eine gut ausgebildete Körperhöhle mit einem Verdauungsschlauch, aber keine Atmungs- und Kreislaufsysteme. Sie bewegen sich mit einem S-förmigen Wackeln vorwärts, denn ihre Muskeln verlaufen längs des Körpers. An Nematodenmündern können Haken, Kiefer oder Platten sowie chemorezeptive Sinnesorgane sitzen. Viele Arten leben parasitär und richten an landwirtschaftlichen Pflanzen und Tieren Schäden an. Hunde- und Katzenbesitzer behandeln ihre Tiere regelmäßig gegen Rundwurm-Parasiten. Auch Menschen können von Rundwürmern befallen werden, und Filarien, die durch Mücken übertragen werden, können Lymphknoten infizieren und dabei schwere Krankheiten wie Elefantiasis verursachen, wobei Beine und andere Extremitäten enorm anschwellen.

3-SEKUNDEN-SEKTION
Rundwürmer sind unsegmentiert, im Querschnitt rund, vorn und hinten spitz zulaufend. Es gibt sie in fast jedem Habitat, auch in Pflanzen und Tieren.

3-MINUTEN-SYNTHESE
Nematoden gehören zu den am häufigsten vorkommenden Tieren auf der Erde und sind ökonomisch bedeutend, dennoch bekommen nur wenige Menschen jemals ein Exemplar zu sehen. Die meisten Nematoden sind weniger als einen Millimeter lang, aber wichtig für die Bodenbelüftung und das Recycling organischen und mineralischen Materials. Bisher wurden nur 23.000 Arten formell beschrieben, man rechnet allerdings mit bis zu einer Million Nematoden-Arten.

VERWANDTE THEMEN
Siehe auch
GLIEDERFÜẞER
Seite 46

RINGELWÜRMER
Seite 44

3-SEKUNDEN-BIOGRAFIE
NATHAN AUGUSTUS COBB
1859–1932
Amerikanischer Forscher, bekannt als Vater der Nematologie in den USA, identifizierte mehr als 1000 Arten von Nematoden. Sein Ausspruch ist berühmt: dass, wenn alles außer Nematoden von unserem Planeten entfernt würde, „unsere Welt dennoch vage erkennbar wäre ... unsere Berge, Hügel, Täler, Flüsse, Seen und Meere würden durch eine Schicht von Nematoden dargestellt.“

30-SEKUNDEN-TEXT
Amanda Callaghan

Rundwürmer können ohne jedes Anzeichen ihres Daseins im Darm ihrer Wirte leben, sich ernähren und sich vermehren.

RINGELWÜRMER

30-Sekunden-Zoologie

Anneliden – Ringelwürmer – stellen einen ökologisch vielseitigen Stamm innerhalb der Klade Lophotrochozoen dar. Zur Anneliden-Gruppe der Gürtelwürmer gehören blutsaugende Egel und Regenwürmer. Egel haben fast alle Annelid-Merkmale abgegeben, die meisten saugen sich an ihrer Beute fest, nagen sich mit starken Kiefern ins Fleisch oder saugen durch einen Rüssel. Oligochäte Regenwürmer bohren sich durch den Erdboden und ernähren sich von zersetztem organischem Material. Polychäte, oder Borstenwürmer, stellen die größte Annelida-Gruppe. Die vielfältigen und bunten Wasser-Anneliden sind zwischen einem Millimeter und drei Metern lang, darunter wühlende, kriechende und sessile Arten, aber auch spektakuläre Jäger. Ihre Segmente sind mit kleinen Paddeln, den Parapodien, ausgestattet, mit denen sie schwimmen oder laufen. Der Bobbitwurm kann bis zu einem Meter lang werden und liegt vergraben im Meeresboden, nur seine scharfen, aufgeklappten Kiefer schauen aus dem Sand heraus. Bobbitwürmer sind stark und schnell genug, um einen Fisch zu packen und zu sich unter den Sand zu ziehen. Glycera polychaetes – Rotwürmer – sind bei Anglern beliebte Köder. Ihr Biss enthält ein Nervengift, das unkontrolliertes Muskelzucken verursacht und die Beute lähmt. Es kann einen Menschen nicht töten, aber sehr schmerzhaft sein.

3-SEKUNDEN-SEKTION
Anneliden weisen eine Segmentierung ihrer zylindrischen Körper auf, die dem Stamm, vom lateinischen Wort *annulus* = Ring abgeleitet, seinen Namen verlieh.

3-MINUTEN-SYNTHESE
Weil es so viele verschiedene Anneliden gibt, sind sie in vielen Habitaten zu finden – im Meer, im Süßwasser und auf dem Land. Einige Arten sind Suspensionsfresser, andere Depositfresser, Aasfresser, Saprobionten, Pflanzen- oder Fleischfresser. Mit den mindestens 17.000 beschriebenen Arten sind Anneliden morphologisch derart divers, dass ihnen kein einziges definierendes Merkmal gemeinsam ist. Allerdings sind die meisten Anneliden segmentiert, bilateral symmetrisch, haben Chitinborsten, Chaetae genannt, und ein hydrostatisches Skelett.

VERWANDTE THEMEN
Siehe auch
GLIEDERFÜßER
Seite 46

MOLLUSKEN
Seite 48

3-SEKUNDEN-BIOGRAFIE
KATHARINE BUSH
1855–1937
Erste Frau, die von Yale einen naturwissenschaftlichen Doktortitel erhielt für ihre These über Fächer- und Kalkröhrenwürmer, die während der Harriman-Alaska-Expedition 1899 gesammelt wurden, an der sie als Frau nicht teilnehmen durfte.

30-SEKUNDEN-TEXT
Amanda Callaghan

Vom fischschnappenden Bobbitwurm bis zum bekannten Regenwurm bewohnen die Anneliden Wasser- als auch Landhabitate.

e
d
a
c
b
b
c
c
c

GLIEDERFÜßER

30-Sekunden-Zoologie

Gliederfüßer oder Arthropoden entwickelten sich vor etwa 600 Millionen Jahren im Meer, ihre erfolgreichsten Nachkommen sind jedoch landlebende Insekten. Insekten mit Krebstier-Vorfahren haben drei Beinpaare, Kopf, Brustkorb und Hinterleib und die meisten der 27 Insektenordnungen auch Flügel. Sie füllen fast jede erdenkliche Nische an Land, können endoparasitisch als auch ektoparasitisch sein und bedienen sich diverser Nahrungsquellen, auch Pflanzen oder Blut von Wirbeltieren. Allgemein stehen Insekten in keinem sehr gutem Ruf, dabei sind nur etwa 3 Prozent der Arten Schädlinge und viele, etwa die Bestäuber, äußerst wertvoll. Fast alle Krebstiere, darunter Hummer, Krabben und Shrimps, leben im Salz- oder Süßwasser, nur Asseln sind die einzigen echten Landkrustentiere. Krebstiere besitzen harte Exoskelette und eine außerordentliche Bandbreite an Körperplänen, von Rankenfußkrebsen, die sich selbst auf Felsen festkleben, bis zu riesigen Krabben. Zu den Myriapoden gehören Tausendfüßer und flache, räuberische Zwergfüßer. Kieferklauenträger sind die Landarachniden (Spinnen, Skorpione und Zecken) sowie im Meer die Pfeilschwanzkrebse und die Asselspinnen. Die meisten Kieferklauenträger besitzen nur zwei Körperteile – den Cephalothorax, eine Verschmelzung von Kopf und Brustkorb, sowie den Hinterleib – und mindestens vier Beinpaare.

3-SEKUNDEN-SEKTION
Etwa 80 Prozent aller Tierarten sind Gliederfüßer, die damit die erfolgreichsten Tiere unseres Planeten sind.

3-MINUTEN-SYNTHESE
Gliederfüßer (von griechisch *arthron* = Glied und *podes* = Füße) mit ihrer Aufteilung in Kieferklauenträger, Insekten, Krebstiere und Myriapoden sind ein enorm erfolgreicher Stamm komplexer Tiere mit hochentwickelten Atmungssystemen, Sinnesorganen, echter Körperhöhle (Zölom) und einem wehrhaften Exoskelett aus Chitin. Als Mitglieder der Ekdysozoa-Klade werfen sie beim Wachsen ihre Hülle ab. Sie sind äußerst anpassungsfähig und leben in allen Umgebungen, bei extremen Temperaturen, Drücken und Salinitäten.

VERWANDTE THEMEN
Siehe auch
RUNDWÜRMER
Seite 42

3-SEKUNDEN-BIOGRAFIE
MIRIAM ROTHSCHILD
1908–2005
Miriam Rothschild DBE war die „Königin der Flöhe", eine autodidaktische Expertin für Flöhe, Schmetterlinge und Bienen. Sie fand heraus, dass der Lebenszyklus des Kaninchenflohs, Überträger der Myxomatose, mit den Sexualhormonen seines Wirts verbunden ist. In ihrem Schlafzimmer hielt sie Flöhe in Plastiktüten, damit sie „sehen konnte, was sie taten und die Kinder sie nicht ärgern konnten".

30-SEKUNDEN-TEXT
Amanda Callaghan

Gliederfüßer sind die vielfältigsten aller Tiere der Erde. Unter ihnen gibt es Pflanzenfresser, Jäger und Saprobionten, sie leben an Land, in der Luft und im Wasser.

MOLLUSKEN

30-Sekunden-Zoologie

Mehr als 80 Prozent aller Mollusken sind Gastropoden: Schnecken und Nacktschnecken mit einem großen Fuß, der den Großteil des sichtbaren weichen Fleisches ausmacht. Ihre Häuser sind meist gedreht oder spiralförmig. Dort hinein können sie sich zurückziehen, manche Gehäuse sind minimiert oder ganz verschwunden, wie bei den Nacktschnecken. Die 180-Grad-Drehung des Körpers in der Entwicklung heißt Torsion, sie ist charakteristisch für Gastropoden und führt dazu, dass am Ende der Anus oberhalb des Mundes liegt. Nur Mollusken besitzen eine Raspelzunge, die Radula, mit einer besonderen Zahnstruktur, mit der sie Nahrung aus hartem Boden aufnehmen oder sich in ihre Beute bohren. Kopffüßer wie die Oktopusse haben Radula und schnabelförmige Kiefer, während Kegelschnecken sie zu giftspritzenden Harpunen angepasst haben, mit denen sie auf Beute oder Jäger schießen. Muscheln (Bivalvia), haben statt einer Radula den Borstenkamm zu einer Netzstruktur verändert, mit der sie Wasser filtern. Kopffüßer sind intelligente Jäger im Wasser, hochabgeleitet mit Greifarmen, Tintenbeuteln und dem Muskeltrichter Sipho, der für schnellen Antrieb Wasser ausstößt. Viele Muscheln, deren Hauptmerkmal ihre zweiklappige Schale ist, bohren sich in das Sediment oder heften sich an Objekte auf dem Meeresboden.

3-SEKUNDEN-SEKTION

Mollusken bilden eine vielfältige Gruppe meist im Meer lebender Tiere, deren Hüllen Kalziumcarbonat zur Bildung der Schale absondern, sowie eine Radula und Kiemen (Ctenidia).

3-MINUTEN-SYNTHESE

Die Mollusken bilden den zweitgrößten Tierstamm nach den Gliederfüßern mit ca. 80.000 beschriebenen Arten in acht rezenten Klassen. Die meisten von uns kennen Muscheln, Nacktschnecken und Schnecken, Oktopusse und Kraken, aber sind vermutlich noch nie Klassen wie den wurmähnlichen Formen und Käferschnecken mit gegliederten Panzern begegnet. Einige Arten leben im Süßwasser, nur Gehäuse- und Nacktschnecken haben die Anpassung an ein Leben an Land gemeistert.

VERWANDTE THEMEN

Siehe auch
RINGELWÜRMER
Seite 44

3-SEKUNDEN-BIOGRAFIE

JEANNE VILLEPREUX-POWER
1794–1871
Französische Laien-Wissenschaftlerin, beschäftigte sich mit Cephalopoden. Sie bevorzugte den Umgang mit lebenden Tieren in Aquarien.

GEORG EBERHARD RUMPF
1627–1702
Deutscher Botaniker, veröffentlichte als erster eine Taxonomie der Mollusken und benannte Gruppen wie die Gastropoden und Bivalvia.

THOMAS SAY
1787–1834
Amerikanischer Naturforscher, Vater der amerikanischen Muschelkunde, sammelte, studierte und beschrieb Insekten, Mollusken und Reptilien.

30-SEKUNDEN-TEXT

Amanda Callaghan

Mollusken sind weiche Wirbellose, einige von ihnen tragen einen schützenden Panzer.

WIRBELTIERE

WIRBELTIERE
GLOSSAR

Amnioten Bezeichnung für Landwirbeltiere, die Eier entweder an Land ablegen (Vögel und Reptilien) oder befruchtete Eier im Mutterleib behalten (Säugetiere), was sie von eierlegenden Amphibien und Fischen unterscheidet.

anadrom Bezeichnet Fische wie den Lachs, die das Meer verlassen, um in Flüssen und Seen zu laichen.

binäre Nomenklatur System der Klassifizierung von Organismen anhand von zwei Namen, der erste steht für die Gattung, der zweite für die Art.

Bioindikator Art oder Gruppe von Arten, die Veränderungen in der Umwelt anzeigen, häufig durch Fluktuation in der Population.

Chorda dorsalis Steifes, am Rücken verlaufendes Band über die Körperlänge aller Wirbeltierembryos und einiger erwachsener wirbellosen Tiere.

Endemisch Pflanzen und Tiere an einem Ort. Der Begriff endemisch kann sich auf eine spezielle oder eine weitgefasste Region beziehen.

Endostyl Struktur bei unteren Chordaten und Neunaugenlarven für das Filtern von Nahrung.

Herpetologe Jemand, der Amphibien und Reptilien studiert.

Hox-Gene Gen-Satz mit dem Code für den Bauplan von Organismen.

Ichthyologie Zweig der Zoologie von Wirbeltieren, der sich mit Fischen befasst.

Kloakentiere Kuriose eierlegende Säugetiere wie Schnabeltier und -igel.

Manteltier Kleines wirbelloses Chordatier, ernährt sich, indem es Meerwasser durch seinen Körper zieht und filtert.

Photobakterien Gruppe meist im Meerwasser lebender Bakterien mit Biolumineszenz (leuchten im Dunkeln).

Placoidschuppe Kleine, harte Schuppe aus Enamelin, das in Körpern von Haien und Rochen gebildet wird.

Schädellose Kleine, segmentierte Wirbellose im Meer mit Chorda dorsalis (s. oben).

Schleichenlurch Extremitätenlose, tropische Amphibie, Verwandter des Salamanders.

Synapsiden Uralte Reptilien, Vorfahren der Säugetiere, besitzen ein Schädelfenster.

Tetrapodomorpha Klade, die alle Wirbeltiere mit vier Extremitäten und ihre nächsten Sarcopterygii-Verwandten (Fleischflosser) umfasst, deren einziger rezente (lebende) Vertreter der Quastenflosser ist.

Tetrapoden Wirbeltiere mit zwei Extremitätenpaaren. Tetrapoden schließen alle lebenden und ausgestorbenen Amphibien, Reptilien (einschließlich Dinosaurier und Vögel) sowie Säugetiere ein.

Tuatara Brückenechse, lebt in Neuseeland.

Urochordata Synonym für Manteltiere (s. oben).

4. Mai 1922
Geboren in New York City, USA

1942
Schließt ihr Studium der Zoologie am Hunter College, New York, mit dem Bachelor ab

1946/1950
Legt Masterprüfung an der New York University ab und promoviert dort. Während ihres Studiums forschte sie an der Scripps Institution of Oceanography in La Jolla in Kalifornien, dem Naturkundemuseum in New York, am Woods Hole Marine Biological Laboratory in Massachusetts sowie am Lerner Marine Laboratory in Bimini, Bahamas.

1949
Studiert Fischpopulationen in Guam, auf den Marshallinseln, auf Palau, den Nördlichen Marianeninseln und den Karolinen.

1953
Ihr erstes Buch *Lady with a Spear* über ihre Erfahrungen im Pazifik erscheint

1966/1968
Lehrtätigkeit an der City University von New York und der Universität von Maryland, College Park, USA

1969
The Lady and the Sharks über ihre Arbeit zu Hai-Biologie und -Erhalt erscheint

1999
Zieht sich vom Lehren zurück, leitet aber noch jahrelang einen Zoologie-Kurs pro Semester

2000
Leitende Wissenschaftlerin, emeritierte Direktorin und Treuhändlerin am Mote Marine Laboratory in Sarasota, Florida, USA

25. Februar 2015
Stirbt mit 92 Jahren in Sarasota, Florida, USA

EUGENIE CLARK

Eugenie Clark schien geradezu prädestiniert dafür, Meeresbiologin zu werden. In ihren Grundschul- und High School-Tagen in New York schrieb sie häufig Aufsätze über das Meeresleben. Jeden Samstag besuchte sie das Aquarium und war fasziniert vom Leben und Wirken berühmter Meeresforscher. Sie beschloss früh, dass es ihr Lebensziel war, auch eine Meeresforscherin zu sein.

Sie bewarb sich an der Columbia University für ein Aufbaustudium, wurde aber abgelehnt, denn dort vermutete man, dass sie sich eher um ihre Familie kümmern würde, denn sie war verheiratet und hatte Kinder. So studierte sie bis zur Dissertation an der New York University.

In einem behördlichen Forschungsprogramm arbeitete sie 1949 wissenschaftlich in Mikronesien und studierte Fischpopulationen im Pazifik. Außerdem studierte sie Ichthyologie an der Marine Biological Station in Hurghada, Ägypten, wo sie entdeckte, dass es einen Fisch gab, die Moses-Seezunge, der ein natürliches Hai-Abwehrmittel absonderte. Ihr erstes Buch, *Lady with a Spear* (1953), das über diese Arbeit berichtet, wurde begeistert aufgenommen und bescherte ihr Geldgeber für ihre Forschung. Sie blieb ihre ganze Karriere hindurch eine produktive Autorin und verfasste rund 175 wissenschaftliche Artikel.

Zu ihren Entdeckungen zählt, dass, entgegen der damaligen Auffassung, Haie sich nicht bewegen müssen, um Sauerstoff aufzunehmen – obwohl der Mythos auch heute noch fortlebt. In ihren Experimenten mit Haien brachte sie sie dazu, kleine Aufgaben auszuführen und damit zu beweisen, dass sie intelligent waren und keine reinen Fressmaschinen. Sie sorgte sich um die Haie, die wegen ihres Rufs ungerechtfertigt verfolgt wurden, darum hielt sie öffentliche Vorträge über deren Verhalten und stellte Fernsehsendungen über den Schutz der Meere zusammen. Sie absolvierte mehr als 70 Einsätze in einem Tauchboot, damals noch eine relativ unbekannte Technologie. Zu ihren vielen Leistungen gehört die wichtige Entwicklung von Tauchausrüstung als Forschungsinstrument. Sie wurden vielfach ausgezeichnet und geehrt, unter anderem mit drei Ehrendoktortiteln, als Anerkennung ihres Wirkens im Meeresschutz und in der Meeresbiologie.

Die wohl größte Anerkennung für Zoologen ist es, wenn eine neu entdeckte Art den eigenen Namen trägt. Eugenie Clark, weithin bekannt als „Shark-Lady", durfte das mehrfach erleben, darunter sind Callogobius clarki, Sticharium clarkae, Enneapterygius clarkae, Atrobucca geniae und, ganz besonders, Squalus clarkae – auch als „Dschinnhai" bekannt.

Peter Capainolo

CHORDATIERE

30-Sekunden-Zoologie

Chordatiere gibt es in vielen Formen, allen gemeinsam ist ein Stab aus Zellen mit einer verstärkten Membran, die Chorda dorsalis. Bei Wirbeltieren ersetzt die Wirbelsäule die Chorda dorsalis. Chordatiere besitzen einen Nervenstrang am Rücken und zumindest zeitweise Muskeln, die längs des Körpers verlaufen. Diese bewegen die versteifte Chorda dorsalis oder die Wirbel und machen es möglich, dass Tiere sich beugen und sehr aktiv sein können. Sollten Sie ein einfaches Chordatier malen sollen, würde es wohl einem winzigen fischähnlichen Meerestier ähneln, der Cephalochordate oder Lanzettfischchen. Es ist für Entwicklungsbiologen wichtig, die dessen Hox-Gene beispielhaft nach einem Vorfahren untersuchten. Cephalochordaten sind allerdings nicht *unsere* Vorfahren. Die molekulare Analyse erbrachte, dass die Urochordaten, bekannt als Seescheiden, mit Wirbeltieren enger verwandt sind. Diese sackähnlichen Tiere scheinen einfache Kreaturen zu sein, die sich mittels Filterung mit zwei Hauptsiphos ernähren. Ihre schwimmende Larvenform zeigt jedoch ihr Erbe: Sie besitzen Chorda dorsalis, Nervenstrang, Rachen und einen hinter dem Anus gelegenen Schwanz. Die übrige Gruppe der Wirbeltiere heißt Craniota, da bei allen das Gehirn durch eine Hülle aus Knochen oder Knorpel umhüllt wird, auch wenn sie nicht alle Wirbel besitzen.

3-SEKUNDEN-SEKTION
Chordatiere sind ein vielfältiger Tierstamm: von den platten Seescheiden auf den Unterseiten von Felsen zu den dynamischen und (meist) intelligenten Menschen.

3-MINUTEN SYNTHESE
Chordatiere sind in einer Gruppe mit den Stämmen Hemichordatieren und Stachelhäutern. Hemichordatiere sind wurmähnliche Meerestiere, unterteilt in Enteropneusta (Eichelwürmer) und Pterobranchia (Flügelkiemer). Sie teilen sich einige Merkmale mit Chordatieren, die ihrerseits in drei Gruppen eingeteilt sind: Urochordata, Tunicata, Cephalorchordata und Wirbeltiere. Primitive Chordatiere besitzen ein Endostyl, ein Organ im Rachen, das bei der Nahrungsaufnahme Schleim absondert. Bei Wirbeltieren wurde es zu den Schilddrüsen umgewandelt.

VERWANDTE THEMEN
Siehe auch
GENE
Seite 16

STACHELHÄUTER
Seite 38

FISCHE
Seite 56

3-SEKUNDEN-BIOGRAFIE
PETER HOLLAND
1963–
Britischer Evolutionsbiologe und Zoologe, forscht darüber, wie die Evolution der Diversität bei Tieren durch die Evolution des Genoms bedingt ist.

30-SEKUNDEN-TEXT
Amanda Callaghan

Primitive Chordatiere wie Lanzettfischchen und Seescheiden markieren die Verwandlung von Wirbellosen zu Wirbeltieren. Das Neunauge ist ein lebendes Beispiel einer uralten Linie Kieferloser, die Vorläufer der echten Fische sind.

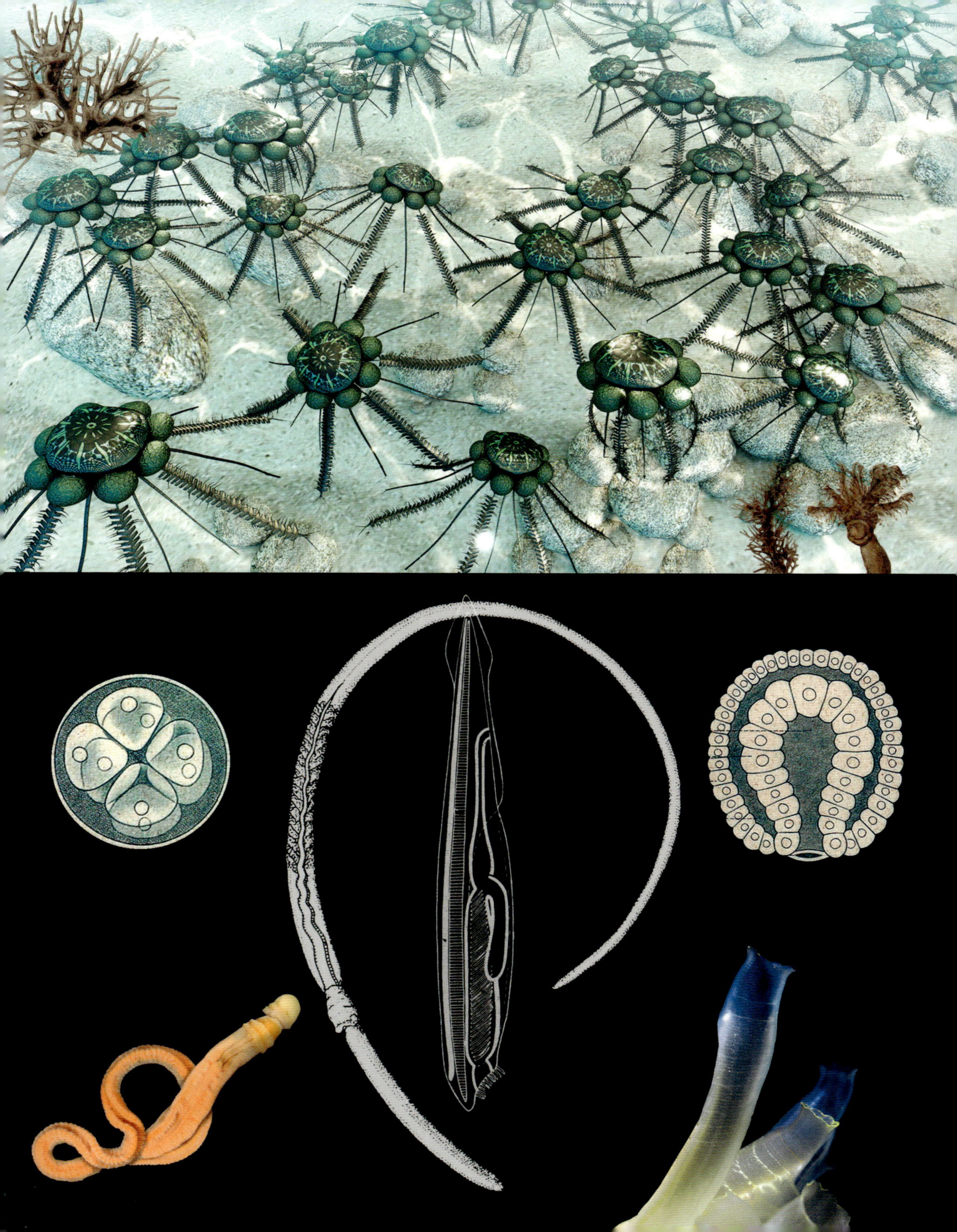

FISCHE

30-Sekunden-Zoologie

Das Devon umspannte 60 Millionen Jahre und ist bekannt als das „Zeitalter der Fische“ wegen der großen Vielfalt an bedeutenden Fischgruppen, die in den Fossilienfunden dieser Zeit entdeckt wurden. Haie und Rochen in allen Größen – deren Haut von Placoidschuppen bedeckt und deren Skelett aus Knorpel und nicht aus Knochen besteht –, deren Nachkommen auch heute noch in den Weltmeeren jagen, kamen in großer Zahl vor. Im Devon tauchten zum ersten Mal Knochenfische, die Osteichthyes, auf. Ihr Skelett bestand, wie der Name vermuten lässt, aus Knochen, ihre Schuppen waren je nach Art unterschiedlich groß und angeordnet. Die meisten der etwa 28.000 Fischarten, die heute bekannt sind, gehören zu den Knochenfischen, die in zwei Klassen unterteilt sind: die Sarcopterygii oder Fleischflosser und die Actinopterygii oder Strahlenflosser. Die Sarcopterygii sind evolutionär bedeutend, denn sie scheinen Vorfahren einer Gruppe Wirbeltiere zu sein, die vor etwa 390–360 Jahren den Weg aus dem Wasser ans Land gesucht haben. Actinopterygii sind klar in der Überzahl und stellen etwa 99 Prozent aller Fischarten. Sie alle tauschen Sauerstoff und Kohlendioxidgase über Kiemen aus. Viele besitzen eine Schwimmblase, die für Auftrieb im Wasser sorgt.

3-SEKUNDEN-SEKTION
Fische kommen in großer Diversität vor und stehen für den bedeutsamen evolutionären Übergang von Meeres- zu Landtieren, der vor ca. 390–360 Millionen Jahren stattfand.

3-MINUTEN-SYNTHESE
Ichthyologen studieren faszinierende Phänomene. Welse und Haie besitzen Organe, mit denen sie von Meereslebewesen erzeugte elektrische Felder aufspüren. Messerfische in Südamerika setzen eigene elektrische Felder zur Navigation und sozialen Interaktion ein. Mehrere Lachsarten sind anadrom, das heißt, sie wandern weite Strecken aus dem Meer in Süßwasser, um zu laichen. Anglerfische in der Tiefsee leuchten dank Biolumineszenz und ziehen damit ihre Beute an. Mikrobakterien erzeugen das Licht.

VERWANDTE THEMEN
Siehe auch
EUGENIE CLARK
Seite 54

AMPHIBIEN
Seite 58

3-SEKUNDEN-BIOGRAFIE
PETER ARTEDI
1705–1735
Schwedischer Naturkundler, Vater der Ichthyologie und Kollege von Carl von Linné, dem Erfinder der binären Nomenklatur.

MARJORIE EILEEN DORIS COURTENAY-LATIMER
1907–2004
Südafrikanische Museumsleiterin, entdeckte 1938 einen lebenden Fleischflosser, den Quastenflosser.

30-SEKUNDEN-TEXT
Peter Capainolo

Fische sind kaltblütige Tiere mit Flossen, die ausschließlich im Wasser leben und über Kiemen atmen.

AMPHIBIEN

30-Sekunden-Zoologie

Vor etwa 370 Millionen Jahren krabbelte ein Fisch mit vier Extremitäten an Land und stieß die Entstehung der Amphibien an, kaltblütige Tiere, die sowohl im Wasser als auch außerhalb atmen können. Irgendwann wurden ihre Nachkommen mehr oder weniger zu Landbewohnern: Sie ernährten sich an Land, kehrten aber zur Eiablage ins Wasser zurück. Ihre Eier waren nicht amniotisch, sie hatten keine harte Schale und produzierten Larven, die allmählich in die adulte Form wuchsen. Amphibien weisen noch heute deren körperliche Merkmale auf und pflanzen sich wie ihre Vorfahren fort. Herpetologen kennen etwa 7000 Amphibienarten, die Mehrheit von ihnen sind Frösche. Innerhalb der drei Gruppen Frösche, Salamander (darunter Lurche) und Blindwühlen herrscht große Diversität an Größe, Farbe und Überlebensstrategien. In der Haut von Amphibien (bei Kröten weniger ausgeprägt) sitzen Drüsen, die einen Schleimfilm bilden, der sie vor dem Austrocknen schützt. Die meisten haben Lungen, nehmen Sauerstoff aber auch über die Haut auf. Einige Wasserarten, vor allem die Larven, atmen über Kiemen. Erwachsene Amphibien ernähren sich vielfach von Insekten, einige der größeren Kröten und Salamander fangen Shrimps, Krebse, sogar Mäuse und Vögel. Die wenig bekannte Gruppe der schlangenähnlichen, beinlosen Blindwühlen lebt in den Böden tropischer Regionen.

3-SEKUNDEN-SEKTION
Amphibien entwickelten sich aus Fischen, die kriechen und schwimmen konnten. So entstanden die ersten Landlebewesen mit vier Extremitäten, Vorläufer der Reptilien.

3-MINUTEN-SYNTHESE
Amphibien reagieren sensibel auf Umweltveränderungen. Durch die Hautatmung nehmen sie kleine Partikel potenziell schädlicher Substanzen auf. Ökologen haben beobachtet, dass geringfügige Veränderungen in ihrer Umgebung zu verringerter Population bei Fröschen und anderen Amphibien führt. Manchmal erzeugen Gifte oder Infektionserreger bei Fröschen starke Mutationen, etwa Deformationen oder eine falsche Anzahl Beine. Diese Phänomene machten Amphibien zu Bioindikatoren.

VERWANDTE THEMEN
Siehe auch
FISCHE
Seite 58

3-SEKUNDEN-BIOGRAFIE
MARÍA CRISTINA ARDILA-ROBAYO
1947–2017
Kolumbianische Herpetologin, beschrieb 28 neue Amphibienarten in Kolumbien, vier wurden nach ihr benannt.

DAVID KIZIRIAN
1960–
Amerikanischer Herpetologe, entdeckte und beschrieb viele neue Arten von Amphibien und Reptilien.

30-SEKUNDEN-TEXT
Peter Capainolo

Die meisten Amphibien leben sowohl an Land als auch im Wasser. In ihren Ei- und Larvenstadien bleiben sie jedoch ausschließlich im Wasser, bis sie als Erwachsene an Land zu Lungenatmern werden.

REPTILIEN

30-Sekunden-Zoologie

Herpetologen unterscheiden um die 10.000 Arten von Reptilien, zur Wirbeltierklasse gehören Eidechsen, Schlangen, Krokodile, Alligatoren, Schildkröten und Tuataras. Reptilien entwickelten sich vor circa 310 Millionen Jahren und verbreiteten sich an Land, weil sich ihre Körper anpassten, was ihre amphibischen Vorgänger nicht geschafft hatten. Zwar waren auch Reptilien Kaltblüter, aber sie entwickelten funktionale Lungen und Haut mit einer ledrigen oder schuppigen Deckschicht. Einige Arten, etwa der Ichthyosaurus, kehrten ins Meer zurück und bildeten fischähnliche Körper aus. Ein paar der landlebenden Dinosaurier wuchsen als Folge des Nahrungsangebots, Klimas und anderer Faktoren gigantisch an. Reptilien waren die ersten Landwirbeltiere, die amniotische Eier legten, also mit einer Schutzhülle, und mussten zur Eiablage nicht mehr ins Wasser. So konnten sie sich in allen größeren ökologischen Nischen ausbreiten und sich zu unglaublich vielen Arten verzweigen. Wie andere Wirbeltiergruppen leben die meisten Reptilienarten in tropischen und subtropischen Gebieten. Arten in kühleren Regionen verbringen die Winter größtenteils in starrem Zustand unter Blättern und Schlamm. In diesem Zustand ist ihre Herzfrequenz abgesenkt und ihre Atmung verlangsamt – eine evolutionäre Strategie zur Erhaltung von Energie, die für das Brüten im warmen Frühling und Sommer benötigt wird.

3-SEKUNDEN-SEKTION

Reptilien sind kaltblütige, schuppige Wirbeltiere, die vorwärts kriechen oder schlängeln und weiche Eier an Land ablegen.

3-MINUTEN-SYNTHESE

Viele Reptilienuntergruppen sehen seit frühester Zeit fast unverändert aus und sind auf Weisen spezialisiert, die sie überleben ließen. Der Stoffwechsel von Krokodilen ist variabel, damit können sie monatelang ohne Nahrung auskommen. Schlangen jagen mithilfe ihrer Zunge, mit der sie Partikel aufspüren, die Beutetiere abgeben, die sie erwürgen, vergiften oder im Ganzen verschlingen. Der riesige Komodowaran in Indonesien tötet seine Opfer mit dem Gift in seinen Kiefern und erlegt sogar Schweine und kleine Hirsche.

VERWANDTE THEMEN

Siehe auch
PHYLOGENETIK & ARTENVIELFALT
Seite 22

AMPHIBIEN
Seite 60

3-SEKUNDEN-BIOGRAFIE

WILLIAM DOUGLAS BURDEN
1898–1978
Amerikanischer Naturkundler und Filmemacher, filmte als erster Komodowarane und fing die ersten Exemplare.

LESLIE JANE RISSLER
1969–
Amerikanische Herpetologin und Autorin mit Fokus auf Öffentlichkeitsarbeit über die Evolution

30-SEKUNDEN-TEXT

Peter Capainolo

Die evolutionären Fortschritte der Reptilien, speziell Eier in flüssiger Umgebung mit einer Schale, machten den Weg frei für ein Leben ausschließlich auf dem Land.

VÖGEL

30-Sekunden-Zoologie

Die Wirbeltierklasse der Vögel zeigt eine der größten Diversitäten. Etwa 10.000 Arten leben heute, vom 2,1 Meter großen allesfressenden Strauß bis zum 6 Zentimeter kleinen Nektar saugenden Kolibri. Sie stammen aus dem Jura (vor 201–145 Millionen Jahren) und sind eng verwandt mit den Maniraptora-Dinosauriern wie dem Velociraptor. Vögel sind Warmblüter, aus ihrer Haut wachsen Federn, sie legen hartschalige, amniotische Eier und besetzen alle ökologischen Nischen. Die meisten können fliegen, dafür verzichten sie auf Zähne und eine Harnblase, haben ein reduziertes Skelett und hohle Knochen. Der Großteil ist sesshaft und lebt in den Tropen. Von denen, die weiter nördlich brüten, unternehmen einige lange Flugwanderungen in den Süden, um im Warmen zu überwintern. Viele Arten sind hochintelligent und setzen Gesang, Balz und Mimikry bei der Partnersuche ein, sie bauen komplizierte Nester oder navigieren mithilfe der Erdmagnetfelder über Land und Meere. Die Schnäbel und schuppigen Beine und Zehen von Vögeln sind der Nahrungspräferenz, dem Habitat und der Fortbewegung angepasst: fleischfressende Raptoren haben scharfe, gebogene Schnäbel, mit denen sie Fleisch abreißen können und Zehen mit scharfen Krallen zum Halten der Beute. Samenesser haben kurze, spitz zulaufende Schnäbel. Spechte erbeuten mit ihren meißelartigen Schnäbeln und klebrigen Zungen Insekten und halten sich dabei an Bäumen fest.

3-SEKUNDEN-SEKTION
Durch ihre Flugfähigkeit verteilten sich Vögel rasch über die ganze Erde, haben Nahrungsmonopole und Brutgebiete, was sie zu einer enorm erfolgreichen Klasse Wirbeltiere machte.

3-MINUTEN-SYNTHESE
Die außergewöhnliche Vielfalt der Vögel macht sie zu bevorzugten Studienobjekten. Einige Vögel können tauchen und schwimmen, andere graben, aber nicht mehr fliegen und wenige, wie der Albatros und der Mauersegler, verbringen ihr ganzes Leben im Flug. Ein seltsamer Vertreter ist der flugunfähige Kiwi, den es nur in Neuseeland gibt. Er wirkt säugetierähnlich, seine Federn sehen wie Haare aus und er besitzt einen für Vögel ungewöhnlich guten Geruchssinn.

VERWANDTE THEMEN
Siehe auch
PHYLOGENETIK & ARTENVIELFALT
Seite 22

INSELPHÄNOMENE
Seite 26

3-SEKUNDEN-BIOGRAFIE

JOHN GOULD
1804–1881
Britischer Naturkundler, Ornithologe und Präparator, studierte Darwin-Finken

ELLIOTT COUES
1842–1899
Amerikanischer Arzt und Ornithologe, bekannt für seine Abhandlungen über Vögel

MARGARET MORSE NICE
1883–1974
Geehrte amerikanische Amateur-Ornithologin, leistete Bahnbrechendes auf ihrem Gebiet

30-SEKUNDEN-TEXT
Peter Capainolo

Vögel haben sich den meisten ökologischen Nischen angepasst, indem sie z. B. lernten zu fliegen, zu laufen und zu schwimmen.

UNITED STATES
ATLANTIC
PERSIA
HINDOSTAN
THIBET
CHINESE EMPIRE

SÄUGETIERE

30-Sekunden-Zoologie

Reptilien aus alter Zeit, bekannt als Synapsiden, gelten als Wegbereiter der Linie der Wirbeltiere, die die modernen Säugetiere hervorgebracht hat. Alle Säugetiere sind Warmblüter und haben Haare oder Fell. Alle leben an Land und sind plazentar, das bedeutet, dass sich ihr Nachwuchs vor der Geburt in einer Gebärmutter entwickelt. Menschen sind plazentare Säugetiere, genau wie Wale, so divers ist diese Gruppe und dabei so eng verwandt, basierend auf einer ähnlichen Fortpflanzungsstrategie. Nach der Geburt sind junge Säugetiere völlig auf ihre Mütter angewiesen, von denen sie Milch erhalten. Beuteltiere, die Säugetiergruppe mit den Kängurus, gebären ein unentwickeltes fötales Junges, das in den Bauchbeutel der Mutter kriecht. Dort findet es Milchdrüsen und bleibt darin, bis es alt genug ist, um herauszukrabbeln und für sich selbst zu sorgen. Eine dritte Gruppe Säugetiere, die Kloakentiere – dazu gehören Schnabeltiere und Ameisenigel in Australien und Neuguinea – schlüpft außerhalb des Mutterleibs aus Eiern. Die Milch erhalten sie über Poren in der Haut, da die Milchdrüsen der Kloakentiere relativ klein sind, verglichen mit anderen Säugetieren, und die Mütter keine Zitzen haben. Das Säugen und die intensive elterliche Pflege definieren, was es bedeutet, ein Säugetier zu sein.

3-SEKUNDEN-SEKTION
Die Strategien der Säugetierunterklassen lassen einen Pfad der Evolution erkennen: Das Eierlegen der Kloakentiere ist primitiv, das Gebären der Beuteltiere mittel und die plazentare Reifung am fortgeschrittensten, aber alle Säugetiermütter produzieren Milch.

3-MINUTEN-SYNTHESE
Das größte lebende Säugetier ist der Blauwal, unter den kleinsten sind einige nicht einmal daumennagelgroße Spitzmausarten. Wale und Spitzmäuse unterscheiden sich immens in Aussehen und Verhalten, aber sie haben Gemeinsamkeiten. Selbst Meeressäuger geben ihren Jungen Milch: Ein Blauwalkalb trinkt in den ersten Monaten täglich etwa 350 Liter Milch. Milch und elterliche Fürsorge machten die Anpassung an einige der extremsten Habitate auf der Erde möglich.

VERWANDTE THEMEN
Siehe auch
NATÜRLICHE SELEKTION
Seite 18

PHYLOGENETIK & ARTENVIELFALT
Seite 22

3-SEKUNDEN-BIOGRAFIE
JOSEPH GRINNELL
1877–1939
Erster Direktor des Tierkundemuseums der University of California in Berkeley, führte bedeutende Forschungen zu Populationen von Säugetieren durch.

DANIELLE „HOPI" ELIZABETH HOEKSTRA
1972–
US-Evolutionsbiologin, untersuchte anhand von wilden Nagetieren die genetische Grundlage von Anpassung.

30-SEKUNDEN-TEXT
Peter Capainolo

Beuteltiere, Säugetiere und Kloaktentiere haben mehr gemeinsam, als auf den ersten Blick ersichtlich ist.

PHYSIOLOGIE

PHYSIOLOGIE
GLOSSAR

Abiogenese Entstehung von Leben aus unbelebtem Material, die Wandlung chemischer Prozesse in biologische.

Ektoderm Das äußere Keimblatt eines Embryos, das sich zu Haut und Nervensystem entwickelt.

Entoderm Das innerste Keimblatt eines frühen Embryos, aus der sich der Bauch/Darm entwickelt.

Gastrulation Phase, in der die Blastozyste einstülpt und die mehrblättrige Gastrula entsteht.

Hämotoxine Gifte, die rote Blutkörperchen schädigen. Verändern häufig die Blutgerinnung und können zu Organschäden und -versagen führen. Das geschieht entweder, wenn das Blut nicht gerinnt, was innere Blutungen verursacht, oder durch zu starke Gerinnung, wodurch Blutgefäße verstopfen.

Imaginalscheiben Einstülpungen von Gewebe in Insektenlarven, aus denen sich während der Metamorphose adulte Strukturen wie Flügel, Antennen und Beine entwickeln.

Keimblätter Ekto-, Meso- und Entoderm, die Organe und Strukturen ausbilden.

Mesoderm Das mittlere Keimblatt eines Embryos, aus dem Knochen, Knorpel und Muskeln entstehen.

Neurotoxine Gifte, die auf das Nervensystem wirken und die normalen chemischen Signale zwischen den Nervenzellen oder entlang der Neuronen blockieren.

Opsin Lichtempfindliches Protein in den Fotorezeptoren (Zapfen und Stäbchen) des Auges. Opsine reagieren auf verschiedene Wellenlängen (Energien) des Lichts, durch Kombinationen von Opsinen erkennen wir unterschiedliche Farben.

Organisator Eine Zellgruppe im Embryo, die Signalmoleküle aussendet, die die Entwicklung „organisieren".

Organogenese Das Entstehens von Organen aus bestimmten Bereichen eines speziellen Keimblatts.

Polarisation In der Optik die Richtung, in die Lichtwellen schwingen. Der Begriff definiert außerdem räumliche biologische Spezifizität einer Zelle während der Entwicklung, zum Beispiel für die Schwanz-Kopf-Achse (siehe Seite 16).

Resorption Bezieht sich auf die Wiederaufnahme von Larvengewebe (wie etwa der Schwanz und Kiemen) in der Entwicklung zum erwachsenen Tier.

Zapfen/Stäbchen Fotorezeptoren im Auge. Siehe Opsin.

Zytotoxine Substanzen, die auf Zellen giftig wirken und zu Zell- oder Organtod führen, der sogenannten Nekrose.

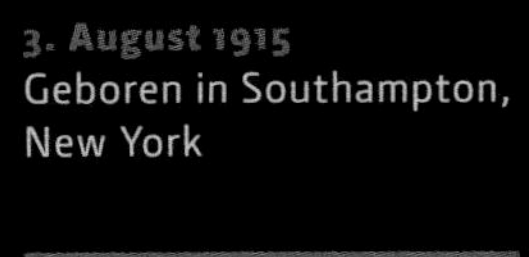
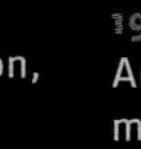

3. August 1915
Geboren in Southampton, New York

1934–1942
Studiert in Harvard, Massachusetts

1941
Entwickelt mit Robert Galambos das Konzept der Echoortung

1942
Arbeit an einer Fledermausbombe für das Verteidigungskomitee der USA

1946–1953
Lehrt Zoologie an der Cornell Universität in Ithaca, New York

1952
Wurde zum Mitglied der American Academy of Arts and Sciences gewählt

1953–1965
Kehrt als Professor für Zoologie nach Harvard zurück

1958
Erhält die Daniel Giraud Elliot Medaille der US National Academy of Sciences für seine Verdienste in der Zoologie

1965
Wechselt an die Rockefeller University, New York City

1976
The Question of Animal Awareness erscheint und argumentiert, dass Tiere ein Bewusstsein haben

1986
Beendet Tätigkeit an der Rockefeller Universität

7. November 2003
Stirbt mit 88 Jahren in Lexington, Massachusetts

DONALD GRIFFIN

Nur wenige Wissenschaftler können von sich behaupten, sie hätten die Sichtweise der Menschen auf Tiere verändert. Griffin schaffte es gleich zweimal: Zuerst bewies er, dass einige Tiere mit Echoortung navigieren, später durch seine Arbeit in der kognitiven Ethologie.

Donald Redfield Griffin wurde 1915 in Southampton, New York, geboren. Als Junge begeisterte er sich für Naturkunde und studierte in der High School Migrationsmuster, Orientierung und Lebenserwartung der Braunen Fledermaus, *Myotis lucifugus*.

Zu Beginn seiner akademischen Karriere forschte er in der Vergleichenden Physiologie. Als Student in Harvard wollte er mit seinem Kommilitonen Robert Galambos herausfinden, wie sich Fledermäuse im Dunkeln zurechtfinden und stattete einen dunklen Raum mit Hindernissen aus. Er erkannte, dass sie über Schallrückwurf Dinge identifizierten und gab diesem bis dahin unbekannten „Sehsinn" einen Namen: Echoortung. Die Idee war in Wissenschaftskreisen umstritten, aber die Entdeckung war ein bedeutender Durchbruch und zog die Entwicklung von Radar und Sonar nach sich.

Überraschend wurde er 1942 vom Nationalen Verteidigungskomittee aufgefordert, den Einsatz von „Fledermausbomben" zu bewerten, winzigen explosiven Geräten, die auf Fledermäuse geschnallt nachts von Flugzeugen über japanischen Städten abgeworfen werden und zeitverzögert explodieren sollten. Die Fledermäuse würden tagsüber Schutz in Gebäuden suchen, die Sprengstoffe würden dort explodieren und Feuer verursachen. Griffin half bei der Ausarbeitung und besorgte Mexikanische Bulldoggfledermäuse, die besonders stark sind. Fledermausbomben wurden nie eingesetzt, später hatte Griffin ethische Zweifel an so einem Einsatz von Tieren.

Griffin war ein Pionier der kognitiven Ethologie, die sich mit dem Einfluss von Wahrnehmung, Bewusstsein und Absicht auf tierisches Verhalten befasst. Er studierte Tiere in ihren natürlichen Habitaten und kam zu der Überzeugung, dass sie denken, ein Bewusstsein haben und keine Automaten sind. Seine Ideen veröffentlichte er 1976 in seinem Buch *The Question of Animal Awareness*, das kontrovers aufgenommen wurde – und in Teilen noch immer wird –, auch Anthropomorphismus wurde ihm vorgeworfen. Seine bahnbrechende Arbeit verlieh der Zoologie eine neue Richtung und noch heute forschen Wissenschaftler darüber, wie Tiere Konzepte bilden und die Handlungen anderer voraussehen können.

Griffin war ein emsiger Autor – neben einigen Büchern veröffentlichte er mehr als 100 Abhandlungen zwischen 1938 und 2001. Nach seiner Pensionierung 1986 lebte er in Lexington, Massachusetts, wo er 2003 starb.

Rebecca Thomas

ENTWICKLUNG

30-Sekunden-Zoologie

Die Entwicklung macht aus dem Ei und dem Spermium der einen Generation ein funktionierendes Individuum der nächsten Generation. Eine einzige Zelle wird zu Milliarden Zellen in menschlichen Körpern – oder zu genau 959 bei Caenorhabditis elegans, einer Nematode. Trotz dieser riesigen Unterschiede in der Anzahl durchlaufen Würmer und Menschen dieselben Prozesse, beginnend mit der Embryogenese. Nach der Befruchtung teilt sich die Zelle, dadurch entstehen mehr Zellen, was eine Differenzierung erlaubt: Mehr Zellen bedeuten mehr Funktionen. Die Lage einer Zelle im Embryo bestimmt ihre Funktion. Äußere Zellen heißen Ektoderm, die innere Schicht ist das Entoderm. Die Zellbewegung während der Gastrulation formt den Darm und legt weitere Zellen als Mesoderm zwischen die äußere und innere Schicht. Aus diesen Schichten entstehen in der Organogenese die verschiedenen Organe. Das Ektoderm bildet die Haut und das Nervensystem, das Entoderm Darmgewebe. Aus dem Mesoderm entstehen Muskeln und bei Wirbeltieren das Knochenskelett. Entwicklung ist das Ergebnis des Zusammenspiels von Genen, die eine Körperachse festlegen und solchen, die bestimmte Regionen im Embryo und im Umfeld der Zellen identifizieren. Spezielle Organisatoren in Embryos sondern Proteine ab, die die genauen Positionen anweisen, so dass die Körperteile an den richtigen Stellen gebildet werden.

3-SEKUNDEN-SEKTION
In der Entwicklung erhöht sich die Anzahl der Zellen, differenziert sie zu Gewebe und bildet dies zu Organen aus. Nach dem Schlüpfen oder der Geburt werden Kinder durch Entwicklung zu Erwachsenen.

3-MINUTEN-SYNTHESE
Die Entwicklung als Sinnbild für den Prozess der Evolution: Die Idee, dass durch Evolution einzellige Organismen zu komplexen vielzelligen wurden, ist nicht leicht zu begreifen. Denn schließlich, wie hoch stehen die Chancen dafür? Wie der Evolutionsbiologe J. B. S. Haldane sagte: „Sie selbst haben es in 9 Monaten geschafft" – aus einem befruchteten Ei stammend, sitzen Sie jetzt hier und lesen diese Zeilen: Evolution und Entwicklung, wie sie im Buche stehen.

VERWANDTE THEMEN
Siehe auch
GENE
Seite 16

METAMORPHOSE
Seite 76

3-SEKUNDEN-BIOGRAFIE
J. B. S. HALDANE
1892–1964
Britisch-indischer Genetiker, Biometriker, Physiologe und Mathematiker, von ihm stammt die Oparin-Haldane-Hypothese über Abiogenese und die Ursuppen-Theorie.

HILDE MANGOLD
1898–1924
Deutsche Embryologin, deren vorzügliche Arbeit über die Entwicklung von Amphibien zeigt, wie der Bauplan von Wirbeltieren organisiert ist.

30-SEKUNDEN-TEXT
Neil Gostling

Dieser Prozess benötigt nur ein befruchtetes Ei, um es in einen vielzelligen Organismus zu formen, der in der Lage ist, den Prozess zu wiederholen.

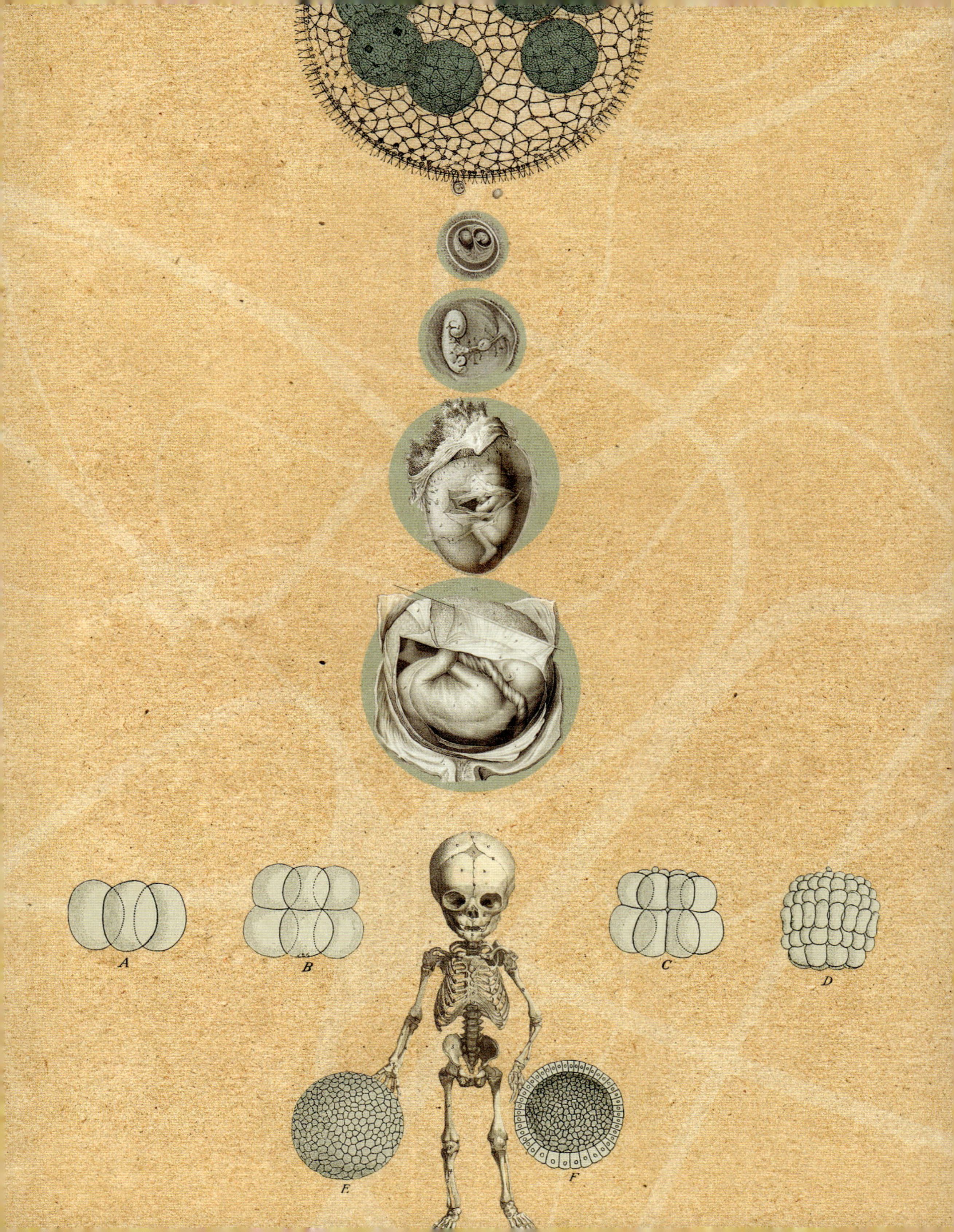
A
B
C
D
E
F

METAMORPHOSE

30-Sekunden-Zoologie

Metamorphose bezeichnet den Wandlungsprozess, der aus Larven adulte Tiere macht. Darin liegt der ökologische Vorteil, dass zwischen erwachsenen Tieren und ihrem Nachwuchs wenig Konkurrenz um Nahrung und Lebensraum entsteht und gleichzeitig die Verbreitung begünstigt wird. Am bekanntesten sind die Metamorphosen von Amphibien und Insekten, deren Wege zum Erwachsensein sich allerdings radikal unterscheiden. Bei Fröschen findet im Grunde nur eine Ausgestaltung des vorhandenen Bauplans statt: Die Beine werden länger, die Lungen entwickeln sich, Kiemen und Schwanz werden für den Wechsel vom Wasser aufs Land resorbiert. Bei Fliegen und anderen Insekten ist der Prozess viel ausgeprägter. Die Kopf-Schwanz-Achse der Fliege bleibt bestehen, alles andere wird abgestoßen und die adulten Strukturen entwickeln sich aus funktionslosen Teilen des Larvenkörpers. Diese Teile, die Imaginalscheiben, bilden in der Metamorphose Beine, Flügel und alle Anhängsel und anatomischen Strukturen, die das erwachsene Tier benötigt, um die Zeit des Fressens und Wachsens im Boden hinter sich zu lassen und ein Leben im Flug zu beginnen und nach einem Partner zu suchen. In der Metamorphose wachsen Individuen zur Geschlechtsreife heran und können sich fortpflanzen.

3-SEKUNDEN-SEKTION

Von Metamorphose spricht man, wenn einschneidende körperliche Veränderungen des Körpers auftreten, etwa zwischen den Larven- und adulten Stadien der Schmetterlinge.

3-MINUTEN-SYNTHESE

Fast alle Organismen, die ihr Leben in Larven- und adulte Abschnitte teilen, können sich erst nach der Metamorphose fortpflanzen. Eine Amphibie aber führt ein Zwischending zwischen kindlichem und adultem Lebensstil. Der Axolotl, der einen Fluss nach Mexiko City bewohnt, ist ein Salamander, der die jugendlichen Kiemen behält und nicht ohne Wasser überleben kann, dennoch in seinem kindlichen Körper geschlechtsreif ist.

VERWANDTE THEMEN

Siehe auch
GENE
Seite 16

ENTWICKLUNG
Seite 74

3-SEKUNDEN-BIOGRAFIE

MARIA SIBYLLA MERIAN
1647–1717
Deutsche Naturkundlerin, deren Beobachtungen von Insekten zu den ersten exakten Beschreibungen der Metamorphose gehören.

30-SEKUNDEN-TEXT

Neil Gostling

Spinnen, Wirbellose, Schmetterlinge und andere Insekten gehen durch eine Metamorphose, aber auch einige Amphibien.

ATMUNG

30-Sekunden-Zoologie

Die Fähigkeit, Luft in den Körper aufzunehmen und aus Sauerstoff Kohlendioxid zu machen, ist der Schlüssel zu tierischem Leben. Jede Zelle braucht Sauerstoff. Das Atmen leitet ihn dorthin, wo er gebraucht wird. Es gibt vier Hauptarten, Sauerstoff in den Körper zu ziehen. Die einfachste Art ist die Diffusion von Sauerstoff über die Körperoberfläche in die Zellen darunter, was sich aber nur für sehr kleine, simple Tiere in feuchter Umgebung eignet, größere Arten brauchen spezielle Organe. Wassertiere haben für den Gasaustausch Kiemen. Das sind Membranen, oft nur eine Zellschicht dick, durch die ein schneller Austausch erfolgt und Sauerstoff ins Kreislaufsystem gelangt. Für Landarten liegen die Dinge etwas komplizierter. Größere Wirbellose wie Insekten besitzen Tracheensysteme, Geflechte aus Luftröhren, die, da es kein Kreislaufsystem gibt, den Körper durchziehen und Sauerstoff an die Zellen verteilen. Das steht im Kontrast zur Komplexität der Lungen von Landwirbeltieren, wie uns Menschen. Luft wird durch viele sich verjüngende und immer verzweigtere Röhren gesogen, beginnend bei der Luftröhre, dann in die Bronchien, die sich in Bronchiolen verästeln und die in kleine Säckchen, den Alveolen, in denen der Gastaustausch stattfindet. Der Kreislauf transportiert den Sauerstoff zu den einzelnen Zellen.

3-SEKUNDEN-SEKTION
Das Atmen ist der Schlüssel zur aeroben Respiration. Sauerstoff ist nötig, um Glucose abzubauen, dabei wird Kohlendioxid, Wasser und die Energie produziert, die das Leben antreibt.

3-MINUTEN-SYNTHESE
Neben den vier Hauptwegen, Sauerstoff dorthin zu bringen, wo er gebraucht wird, erledigen einige Arten das auf andere Weise. Die Fitzroy-Schildkröten in Australien haben Lungen, nehmen aber rund 70 Prozent ihres Sauerstoffbedarfs über Kloakenatmung auf (auch als „durch den Hintern atmen" bekannt, obwohl die Kloake strenggenommen nicht dasselbe wie ein Anus ist), wobei spezialisierte Zellen wie Alveolen wirken. Dadurch kann die Schildkröte tagelang unter Wasser bleiben.

VERWANDTE THEMEN
Siehe auch
ENTWICKLUNG
Seite 74

3-SEKUNDEN-BIOGRAFIE
WILLIAM HARVEY
1578–1657
Englischer Physiologe, legte als erster anatomische Beweise für die wichtige Verbindung zwischen Atmungs- und Blutkreislaufsystemen vor.

30-SEKUNDEN-TEXT
Mark Fellowes

Sauerstoff gelangt auf unterschiedlichen Wegen dorthin, wo er gebraucht wird. Welcher der geeignete ist, hängt von den physiologischen Gegebenheiten ab. Froscheier nutzen Diffusion, Kaulquappen Kiemen und adulte Tiere Lungen.

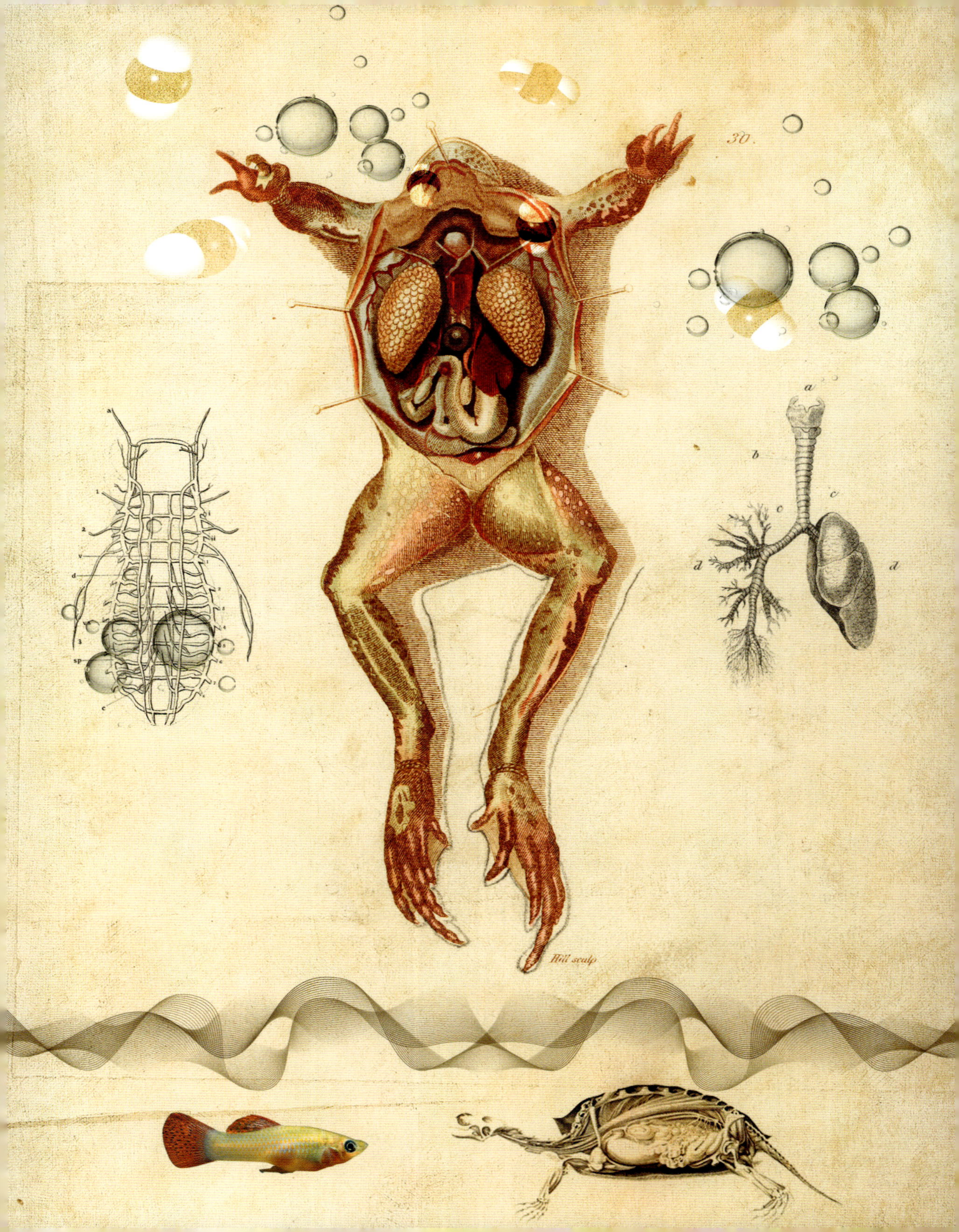

30.
a
b
c
c
d
d
Hill sculp

SEHVERMÖGEN

30-Sekunden-Zoologie

Der Lichtsinn verleiht Tieren Zugang zu einer hochauflösenden Informationsquelle, die es ihnen erlaubt, sich in der Welt um sie herum zu orientieren. Alle Augen besitzen Opsine, lichtempfindliche Moleküle, die die Energielevel des Lichts, die Wellenlängen, aufnehmen. Die Opsine befinden sich in spezialisierten Zellen (Zapfen und Stäbchen) der Netzhaut. Wir nehmen verschiedene Wellenlängen als unterschiedliche Farben wahr, obwohl elektromagnetische Strahlung (Licht) keine eigene Farbe besitzt. Stattdessen erzeugt unser Gehirn die Farbe, wenn es die Aktivität lichtempfindlicher Zellen vergleicht: Menschen besitzen drei Arten farbempfindliche Zellen (Zapfen), andere Lebensformen verfügen über einige mehr und nehmen ihre Umgebung anders wahr. Welche Farben Tiere wahrnehmen, hängt davon ab, welche Kombination an Wellenlängen sie erfassen. Viele Arten können auf dem Ultraviolett/Infrarot-Spektrum weit mehr sehen als Menschen. Tiere sind nicht auf Farben beschränkt: Licht kann durch seine Energie beschrieben werden und durch die Richtung, in die sich Lichtwellen bewegen, seine Polarisation. Polarisierende Brillengläser erlauben uns einen Blick darauf, bei vielen Tieren ist diese Fähigkeit angeboren (auch bei Krabben und Tintenfischen), sie erkennen sogar Dinge, die farblich ihrem Hintergrund entsprechen.

3-SEKUNDEN-SEKTION

Tiere sehen mit ihren Augen, aber nicht alle auf dieselbe Weise: Menschen besitzen drei Farbkanäle, Hunde zwei, Vögel vier und Fangschreckenkrebse ein Dutzend!

3-MINUTEN-SYNTHESE

Augen haben sich unabhängig viele Male weiterentwickelt, von einfachen Flecken lichtempfindlicher Zellen der Plattwürmer zu den komplexen Facettenaugen der Insekten und den kameraähnlichen Augen von Wirbeltieren und Kraken. Einige Tiere sehen keine Farben, Delfine, Wale und Seehunde erkennen nur Schwarz, Weiß und Grauabstufungen, andere nehmen Farben weit über unser Spektrum hinaus wahr. Viele Vögel etwa sind bunter und schöner, als wir anerkennen können.

VERWANDTE THEMEN

Siehe auch
GENE
Seite 16

PHYLOGENETIK & ARTENVIELFALT
Seite 22

3-SEKUNDEN-BIOGRAFIE

ALHAZEN
ca. 965–ca. 1040
In Basra (dem heutigen Irak) geborener Wissenschaftler, erforschte, wie Augen Licht aufnehmen und wie das Gehirn es interpretiert.

30-SEKUNDEN-TEXT

James Barnett

Licht umgibt uns überall, aber wir Menschen können nur einen kleinen Teil seines Spektrums sehen, andere Arten sehen die Welt womöglich ganz anders.

GIFTE

30-Sekunden-Zoologie

Giftig kann etwas sein, das durch Verzehr Gift in unseren Körper einführt, aber auch durch Berührung und Biss. In beiden Fällen sind wir giftigen Chemikalien ausgesetzt, die zu Krankheit oder sogar Tod führen können. Giftige Arten injizieren ihre Gifte direkt mit dafür angepassten Zähnen, Stacheln oder Dornen, die sowohl für die Jagd als auch zur Selbstverteidigung eingesetzt werden. Die bei Verzehr giftigen Arten sondern Toxine ab oder tragen sie in ihren Körpern, hauptsächlich, um sich vor Fressfeinden und Parasiten zu schützen. Eine große Vielfalt an chemischen Toxinen für beide Verfahren findet sich in so unterschiedlichen Arten wie Quallen, Fröschen und Bäumen. Von direkt injizierten Giften gibt es zwei Kategorien: die, die Signale zwischen den Nervenzellen unterbrechen (Neurotoxine) und die, die Zellen angreifen (Zytotoxine und Hämotoxine). Neurotoxine stoppen Signale zu den Muskeln, was zur Lähmung überlebenswichtiger Körperfunktionen wie Atmung und Herzschlag führt. Zytotoxine und Hämotoxine schädigen Körpergewebe, zerstören Zellen und verhindern die Blutgerinnung. So, wie Beutetiere ihre Toxizität entwickelten, bildeten sich in einem Wettrüsten in ihren Jägern Resistenzen dagegen. Der rauhäutige Gelbbauchmolch in Kalifornien etwa ist so giftig, dass er mehrere erwachsene Menschen töten könnte, Strumpfbandnattern aber sind immun gegen sein Gift und verspeisen ihn gern und oft.

3-SEKUNDEN-SEKTION
Gifte sind toxische Chemikalien, die entweder aufgenommen (du beißt es) oder verabreicht (es beißt dich) werden.

3-MINUTEN-SYNTHESE
Nicht alle giftigen Arten bilden eigene Toxine, einige übernehmen es von den Pflanzen und Tieren, die sie fressen. Viele der leuchtend bunten Schmetterlinge und Motten erhalten ihre chemischen Waffen von den Pflanzen, die sie als Raupen konsumieren. Zum Beispiel ziehen Monarchen ihre Toxine aus Wolfsmilch-Pflanzen und der Blutbär aus Jakobs-Greiskraut. Die Farben, die Schmetterlinge so schön für uns machen, sind für ihre Fressfeinde eine Warnung und sagen: „Iss mich und du wirst es bereuen“.

VERWANDTE THEMEN
Siehe auch
QUALLEN, KORALLEN, ANEMONEN & MEHR
Seite 36

AMPHIBIEN
Seite 60

REPTILIEN
Seite 62

PRÄDATION
Seite 122

3-SEKUNDEN-BIOGRAFIE
VITAL BRAZIL
1865–1950
Wissenschaftler aus Brasilien, entwickelte das erste Mittel gegen Schlangengift, danach gingen die Todesfälle durch Schlangenbisse massiv zurück.

30-SEKUNDEN-TEXT
James Barnett

Die Toxine von Insekten, Reptilien, Amphibien, Fischen, Gliederfüßern und Vögeln dienen der Abschreckung, Verteidigung oder als tödliche Waffe.

FLIEGEN

30-Sekunden-Zoologie

Viele Organismen verbreiten sich, indem sie Luftströme nutzen, einige besitzen Vorrichtungen zum Gleiten, die richtige Flugfähigkeit aber ist etwas Besonderes, denn durch sie können Tiere ihren Aufenthaltsort selbst wählen. Die ersten Flieger waren vor 400 Millionen Jahren die Insekten, und ähnlich der Metamorphose von der im Boden lebenden Larve zum fliegenden erwachsenen Tier ermöglichte der Aufstieg in den Luftraum die Erkundung neuer Nischen – und erklärt womöglich die immense Vielfalt der Insekten. Die Flugfähigkeit entwickelte sich bei drei weiteren Wirbeltiergruppen – den (ausgestorbenen) Pterosauriern, den Vögeln und den Fledermäusen –, deren Vordergliedmaße sich zu Flügeln umbildeten. Beim Pterosaurus hielten ein Arm und ein stark verlängerter Finger einen Flügel aus einer dünnen Hautmembran. Vogelflügel setzen sich aus Oberarmknochen, Speiche, Elle und Hand, die einen befederten Tragflügel bilden, zusammen. Fledermausflügel bestehen aus der ganzen Hand mit einer Membran zwischen den Fingern. Wie sich die Flugfähigkeit bei Pterosaurus oder Fledermäusen entwickelte, ist schwer zu sagen, denn es gibt keine fossilen Funde, die Zwischenschritte dokumentieren. Bei Vögeln jedoch fanden sich viele fossilen Belege für die Verwandlung von kleinen Dinosauriern mit Federn zu den modernen Vögeln.

3-SEKUNDEN-SEKTION
Fliegen, die Fähigkeit, aus eigenem Antrieb durch die Luft zu reisen, bewies sich als vorteilhaft für Organismen, die entwickelten, weil es ihnen neue Nischen und Möglichkeiten eröffnete.

3-MINUTEN-SYNTHESE
Charles Darwin sagte voraus, dass Fossilien die Verbindung zwischen den großen Tiergruppen schlagen würden. In den 1860ern wurde in einem Steinbruch in Bayern eine fossile Feder gefunden, später ein Körper mit Federn. Das Tier hatte einen langen, knochigen Schwanz, einen Kiefer mit Zähnen und Krallen an den Fingern. Es wurde als Vogel angesehen (wegen der Federn), aber es hatte Dinosaurier- und Reptilienmerkmale. Der *Archaeopteryx* war die Verbindung: der erste Vogel.

VERWANDTE THEMEN
Siehe auch
NATÜRLICHE SELEKTION
Seite 18

PHYLOGENETIK & ARTENVIELFALT
Seite 22

VÖGEL
Seite 64

METAMORPHOSE
Seite 76

3-SEKUNDEN-BIOGRAFIE
THOMAS HENRY HUXLEY
1825–1895
Spitzname „Darwins Bulldogge", weil er die Evolutionstheorie vehement verteidigte. Huxley war einer der besten Anatomen, er vermutete früh eine Verbindung zwischen Vögeln und Dinosauriern.

30-SEKUNDEN-TEXT
Neil Gostling

Fliegende Tiere stellen die größte lebende Gruppe (Insekten) und die größte Gruppe landlebender Wirbeltiere (Vögel) dar. Die Fledermaus ist das einzige flugfähige Säugetier.

VERHALTEN

VERHALTEN
GLOSSAR

binäre Nomenklatur System zur Klassifizierung von Organismen durch zwei Wörter zur Identifizierung, das erste für die Gattung, das zweite für die Art.

Bombykol Das erste Pheromon, das chemisch identifiziert wurde, weibliche Seidenspinner ziehen damit Männchen an.

Eusozialität Komplexe soziale Systeme, in denen viele Generationen erwachsener Tiere gleichzeitig in einer Gesellschaft vorkommen und in denen die Mehrheit der Individuen sich zugunsten einer Königin nicht fortpflanzt, etwa bei vielen Ameisen, Bienen und Wespen.

Hermaphrodit Ein Organismus, der vorübergehend sowohl weibliche als auch männliche Geschlechtsteile aufweist. Viele wirbellose Gruppen wie Schnecken und Würmer besitzen keine getrennten Geschlechter, auch einige Fischfamilien und Reptilienarten sind hermaphroditisch.

Monogamie Paarungssystem, in dem Weibchen und Männchen nur einen Sexualpartner haben.

monophyletische Gruppe Alle Organismen in dieser Gruppe stammen von einem gemeinsamen Vorfahren ab, die Gruppe umfasst alle seine Nachfahren, lebend und ausgestorben.

operante Konditionierung Lernprozess, bei dem das gezeigte Verhalten (Handlung) durch Bestärkung oder Bestrafung verändert wird, im Positiven oder Negativen. Positive Verstärkung wäre etwa der Einsatz von Belohnungen, negative Verstärkung kann das Weglassen eines negativen Reizes, z. B. laute Geräusche, sein.

Pheromone Chemische Stoffe, die ein Tier an die Umwelt abgibt und die sich auf die Physiologie oder das Verhalten anderer Individuen auswirken.

Phylum (Stamm) Die erste taxonomische Abteilung von Tieren unter dem Reich (siehe Taxonomie).

Polyandrie Paarungssystem, bei dem sich Weibchen mit vielen Männchen paaren.

Polygamie Paarungssystem, bei dem sich Männchen mit vielen Weibchen paaren.

Polygynandrie Paarungssystem, bei dem Weibchen und Männchen sich mit vielen Partnern paaren.

reziproker Altruismus Verhaltensmerkmal, ein Individuum hilft selbstlos einem anderen, zieht aber später einen Vorteil daraus, wenn die Rollen umgekehrt sind.

Sexualdimorphismus Weibchen und Männchen derselben Art zeigen unterschiedliches Aussehen oder Verhalten.

Spermien Männliche Geschlechtszellen, Plural von Spermium, der beweglichen einzelnen Zelle, die die DNS des Vaters trägt und das Ei befruchtet.

Taxonomie Traditionelles System zur Klassifizierung, benennt und ordnet das Tier(und Pflanzen-)reich in Gruppen mit ähnlichen Merkmalen ein. Die sieben Stufen sind: Reich, Stamm, Klasse, Ordnung, Familie, Gattung und Art. Dementgegen sortiert die Phylogenetik oder kladistische Nomenklatur sie in Kladen, der Name für Organismen, die zusammengehören, weil sie gleiche Merkmale aufgrund eines gemeinsamen Vorfahrens haben.

Verwandtenselektion Arbeiter sind mit den Nachkommen verwandt und verbessern ihre eigene evolutionäre Fitness, indem sie bei der Aufzucht helfen.

10. Juni 1929
Geboren in Birmingham, Alabama, USA

1949/1950
Macht erst den Bachelor, dann den Master in Biologie an der University of Alabama

1955
Doktor der Biologie an der Harvard University, USA

1956–1976
Lehrtätigkeit in Harvard, ab 1964 als ordentlicher Professor

1973–1997
Kurator für Entomologie am Museum für Vergleichende Zoologie in Harvard

1976
Erhält die US National Medal of Science

1979
Erhält den Pulitzer Preis, Kategorie Sachbücher, für *Biologie als Schicksal* über die Rolle der Biologie in der Evolution der menschlichen Kultur.

1990
Erhält den Crafoord-Preis der Königlich Schwedischen Akademie der Wissenschaften

1991
Zweiter Pulitzer Preis für das Sachbuch *Ameisen*, das er mit Bert Hölldobler schrieb

1997
Wird Ehrendirektor der Entomologie am Museum für Vergleichende Zoologie in Harvard

26. Dezember 2021
Stirbt in Burlington, Massachusetts

E. O. WILSON

Edward Osborne Wilson wurde 1929 in Birmingham, Alabama geboren. Er interessierte sich außerordentlich für Naturwissenschaften. Mit sieben Jahren verlor er nach einem Angelunfall auf einem Auge seine Sehkraft. Als Folge konzentrierte er sich auf „kleine Dinge", wie er sie beschrieb, speziell Schmetterlinge und Ameisen. Mit 18 war er bereits Fachmann für Insekten und meldete die erste Kolonie invasiver Feuerameisen in den USA, als er noch die High School besuchte. Wilson studierte an der University of Alabama, bevor er 1955 in Harvard promovierte. Dort blieb er, forschte über Ameisentaxonomie und Evolution und wurde später Leiter der Entomologie am Harvard Museum für Vergleichende Zoologie.

Wilson ist der vermutlich berühmteste Ameisenexperte, besonders für seine Forschung, wie Ameisen Pheromone zur Kommunikation einsetzen. Die aufopfernde Natur von Ameisen, die er studierte, verhalf ihm zu seinen wichtigen Beiträgen zu einer neuen wissenschaftlichen Disziplin der Soziobiologie, die tierisches Verhalten aus einer sozialen Perspektive untersucht. Kontrovers war Wilsons Anwendung dieser Perspektiven auf menschliches Verhalten, da es genetisch und kulturell bestimmt wird. Damit stieß er Debatten über die Gewichtung von Anlage und Umwelt im menschlichen Verhalten an.

Bedeutend für die Ökologie war seine Entwicklung der Inselbiogeografie, nach der die Biodiversität einer Insel auf zwei Faktoren beruht: Größe und Abgeschiedenheit, und wie diese erklären, warum auf kleinen, isolierten Inseln weniger Arten zu finden sind als auf großen in der Nähe von anderen Inseln. Getestet wurde seine Theorie, indem die Größe von Inseln in den Florida Keys durch Einsatz von Dynamit verändert wurde und alle Insekten durch Insektizide vernichtet wurden. Wilson beobachtete die Veränderungen in der Biodiversität und konnte beweisen, dass seine Theorien grundlegend korrekt waren. Seine Erkenntnisse legten den Grundstein für die moderne Naturschutzbiologie.

Angesichts der riesigen Verluste an Biodiversität überall auf der Erde setzte er sich für den Naturschutz ein. Er führte den Begriff „Biophilie" ein, mit dem er das angeborene, genetisch geprägte Bedürfnis der Menschen, sich mit der Natur zu verbinden, beschrieb. Dieses Wissen hat entschieden mitgestaltet, wie Naturschutzbiologie im Anthropozän betrieben wird.

Wilsons Einfluss war weitreichend. Er hat der Öffentlichkeit fundamentale Gedanken darüber nähergebracht, was uns Menschen ausmacht, warum Gesellschaften funktionieren, wie sie es tun und wie wir danach streben müssen, um für nachfolgende Generationen zu retten, was von der Natur übrig ist. Er hat unzählige Preise bekommen, darunter zwei Pulitzer Preise und den Crafoord-Preis der Königlich Schwedischen Akademie der Wissenschaften (die Naturwissenschaften berücksichtigt, die nicht in Nobelpreis-Kategorien fallen), und gehörte laut dem Magazin *Time* von 1995 zu den 25 einflussreichsten Amerikanern. Wilson verstarb am 26. Dezember 2021 in Massachusetts.

Mark Fellowes

LERNEN

30-Sekunden-Zoologie

Tiere sind in der Lage, aus Erfahrungen zu lernen und ihr Verhalten auf Reize anzupassen. Auf einfachem Niveau geschieht das durch Gewöhnung (verminderte Reaktion) oder Sensibilisierung (stärkere Reaktion), dem nicht-assoziativen Lernen, bei dem ein einzelner Reiz direkt mit einer Verhaltensänderung in Beziehung steht. Ein Beispiel sind die Stadttauben, die gelernt haben, dass Menschen kaum bedrohlich sind. Komplexer ist das assoziative Lernen, bei dem zwei oder mehr Reize mit dem Lernenden verbunden sind. Das geschieht zum Beispiel bei der klassischen Konditionierung, wenn ein Tier lernt, einen Reiz mit einem vorher bestehenden Verhalten zu assoziieren, wie bei den Pawlow'schen Hunden, die beim Klang einer Glocke speichelten, weil sie gelernt hatten, das Geräusch mit einer Mahlzeit zu verbinden, oder in der operanten Konditionierung, bei der Belohnung oder Bestrafung zu verändertem Verhalten führen, typisch für die Hundeerziehung, wenn positives Reagieren auf Befehle belohnt wird. Andere Formen des Lernens sind komplizierter. Einige Arten lernen durch Beobachtung anderer, deren Verhalten sie kopieren. Einige lernen durch Einsicht, wenn das Erlebte zu Wissen wird – eine Art des Lernens, das nur bei intelligenteren Arten wie Primaten und Krähen vorkommt. Daraus resultiert intrikates, anpassungsfähiges Verhalten, wie das unserer eigenen Art.

3-SEKUNDEN-SEKTION

Lernen ist die Fähigkeit, Verhalten zu verändern und dieses Verhalten später zu wiederholen, um das Überleben eines Lebewesens zu sichern.

3-MINUTEN-SYNTHESE

Lernen kann zu kulturellen Unterschieden führen. Schimpansen nutzen bei der Nahrungssuche Äste, Zweige und Blätter. In Kibale, Uganda, ernten Schimpansen mit Stöckchen Honig, in Budongo nehmen sie ihn mit zerkauten Blättern auf. Die kulturelle Abweichung beruht auf ungleichen Erkenntnissen und Verstärkung durch beobachtetes Lernen, so werden Fähigkeiten weitergegeben. Einige Tiere unterscheiden sich im Grunde nicht so sehr von uns.

VERWANDTE THEMEN

Siehe auch
NATÜRLICHE SELEKTION
Seite 18

3-SEKUNDEN-BIOGRAFIE

IWAN PAWLOW
1849–1936
Sowjetischer Physiologe, berühmt ist seine Forschung über klassische Konditionierung, speziell mit Hunden. Er erhielt 1904 den Nobelpreis für Physiologie.

JANE GOODALL
1934–
Britische Primatenforscherin, machte den intensiven Gebrauch von Werkzeug bei Schimpansen bekannt.

30-SEKUNDEN-TEXT

Neil Gostling

Bären lernen, dass da, wo Bienen sind, auch Honig ist, aber wie haben Bienen gelernt, sechseckige Honigwaben zu bauen (die effizienteste Form hinsichtlich Stärke und Material), was sie instinktiv machen?

KOMMUNIKATION

30-Sekunden-Zoologie

Tiere kommunizieren. Ihre Signale übertragen Informationen an andere. Signale können über jeden der tierischen Sinne ausgetauscht werden. Menschen kommunizieren größtenteils über Geräusche und Gestik, andere Arten signalisieren einander auf Weisen, die wir uns schwer vorstellen können, beispielsweise über elektrische Impulse wie die Messerfische oder die chemischen Hinweise der Pheromone. Pheromone wurden vor 60 Jahren zum ersten Mal isoliert, als die chemische Substanz Bombykol – mit der weibliche Seidenspinner männliche Tiere aus großer Entfernung anlocken – bekannt wurde. Speziell bei Insekten sind Pheromone weit verbreitet, ihr Gebrauch bei Arten wie Menschen bleibt kontrovers. Kommunikation zwischen Mitgliedern derselben Art ermöglicht die Übermittlung und den Empfang von Absichten und Qualitätsmerkmalen als Paarungspartner oder Rivale, aber auch zur Abstimmung kollektiven Verhaltens. Die Durchführung reicht von simplen Duftmarkierungen an Grenzen von Territorien bis zu ausgeklügelten multisensorischen Darstellungen und der komplexen Koordination der Nahrungssuche und Verteidigung von Gruppen. Die Kommunikation zwischen Arten ist weniger komplex und dient meist der Übermittlung von Drohungen, kann aber auch zu beiderseitigem Vorteil führen, wenn zum Beispiel Honiganzeiger (afrikanische Vögel) Honigdachse (und Menschen) zu Bienennestern führen.

3-SEKUNDEN-SEKTION

Tiere kommunizieren über Augen, Geräusche, Gerüche, Berührung und Verhalten. So übermitteln sie Absichten, schätzen das Paarungspotenzial ein, warnen einander vor Gefahr und koordinieren Gruppen.

3-MINUTEN-SYNTHESE

Wir Menschen kommunizieren die ganze Zeit mit Geräuschen (Sprache), visuellen Hinweisen (Körpersprache) und chemischen Stoffen (Geruch). Kommunikation in der Tierwelt kann vielfältige, für uns überraschende Formen annehmen. Aber nur wenige Arten haben spezielle Geräusche entwickelt, die der Funktion von Worten gleichkommen. Tümmler erzeugen unverkennbare, individuelle Pfeifgeräusche, einige Affen und Vögel stoßen spezielle Warnrufe für verschiedene Jäger aus.

VERWANDTE THEMEN

Siehe auch
GRUPPENLEBEN
Seite 100

3-SEKUNDEN-BIOGRAFIE

ADOLF BUTENANDT
1903–1995
Deutscher Nobelpreisträger für Biochemie, identifizierte 1959 das Pheromon Bombykol.

ALEX, DER GRAUPAPAGEI
1976–2007
Papagei, aufgezogen von der Tierpsychologin Dr. Irene Pepperberg, erlernte mehr als 100 Wörter für verschiedene Gegenstände und Handlungen.

30-SEKUNDEN-TEXT

James Barnett

Kommunikation der einen oder anderen Art ist die Basis aller Interaktionen zwischen Individuen, Gruppen oder Arten.

KONFLIKT-BEWÄLTIGUNG

30-Sekunden-Zoologie

Tiere brauchen grundsätzlich ein paar Dinge, um erfolgreich zu sein: ein Territorium, Nahrung, Wasser und Paarungspartner. Aber sie alle sind hinter demselben her und wenn es nicht für alle reicht, kann es gefährlich werden. Kommen Konflikte auf, gibt es zwei Optionen: Kampf oder Flucht. Kämpfen birgt das Risiko auf Verletzung in sich, kann Zeit und Energie verschwenden, aber Flucht bedeutet, wertvolle Ressourcen aufzugeben, die wahrscheinlich auch an anderem Ort nicht ohne Kampf zugänglich sind. So werden Konflikte nuancierter ausgetragen. Viele Arten demonstrieren Verhalten, um herauszufinden, wie ein Kampf ausgehen würde, damit der Schwächere den Rückzug antreten kann, bevor es zu einer körperlichen Auseinandersetzung kommt. Das Maul aufzureißen, stolzieren, das Zeigen der Hörner, Gebrüll oder das Präsentieren der Waffen lassen Rivalen einschätzen, wie stark der Gegner ist. Es muss nicht immer zum Kampf kommen, die Folgen müssen abgewogen werden. Konkurrenz um Ressourcen zwischen Individuen einer Art kann zur Aufteilung der Ressourcen führen, und jeder nutzt seine eigene Nische. Dasselbe Prinzip gilt zwischen Arten, etwa wenn konkurrierende Pflanzenfresser auf bestimmte Ressourcen oder Blätter derselben Pflanzen spezialisiert sind, aber in unterschiedlichen Höhen.

3-SEKUNDEN-SEKTION

Konflikte wegen Nahrung, Paarungspartner und Territorien kommen jederzeit auf. Statt zu kämpfen, brüllen Tiere, werfen sich in Positur und mogeln sich um einen Kampf herum.

3-MINUTEN-SYNTHESE

Chamäleons sind hauptsächlich dafür bekannt, ihre Farbe zu wechseln, um sich dem Hintergrund anzupassen und sich vor Jägern zu verstecken. Diese winzigen Tiere können aber auch vehemente Verteidiger ihres Territoriums sein sich gegen Feinde wehren. Kämpfen kann gefährlich sein. Herausgefordert, zischen Chamäleons laut, blasen sich auf und wechseln ihre Farbe vom passiven Grün zu feurigem Rot. Erst, wenn all das den Rivalen nicht vertreibt, kommt es zum Kampf.

VERWANDTE THEMEN

Siehe auch
KOMMUNIKATION
Seite 94

ALTRUISMUS
Seite 98

GRUPPENLEBEN
Seite 100

3-SEKUNDEN-BIOGRAFIE

DIAN FOSSEY
1932–1985
Amerikanische Primatologin, erweiterte das Wissen über das Verhalten von Gorillas und zeigte, wie sie Darstellung und Kommunikation nutzen, um Konflikte zu vermeiden.

30-SEKUNDEN-TEXT

James Barnett

Tiere stehen immer in Konkurrenz miteinander: um Nahrung, Raum oder Partner, was aber nicht immer zu körperlichen Konflikten führen muss.

ALTRUISMUS

30-Sekunden-Zoologie

Die Natur ist voller Beispiele für kooperative Tiere oder welche, die scheinbar selbstlos zum Vorteil anderer handeln: Meerkatzen verzichten im Wechsel auf Mahlzeiten, um Wache zu halten, während die anderen fressen. Vampirfledermäuse wurden beobachtet, wie sie Nahrung mit denen teilten, die nicht genug fanden. Ameisen opfern sich selbst für das Wohl der Kolonie. Die Evolution favorisiert Gene, die das Überleben sichern und den Erfolg weitertragen. Wertvolle Ressourcen anderen zu überlassen, scheint der natürlichen Selektion zu widersprechen, weil jedes selbstlose (altruistische) Individuum riskiert, ausgenutzt und von egoistischeren ausgestochen zu werden, die alles für sich beanspruchen. Dieses scheinbare Paradoxon erklärt sich durch die indirekten Vorteile altruistischen Verhaltens: Verwandtenselektion und reziproker Altruismus. Die natürliche Selektion arbeitet nicht mit Arten oder Individuen, sondern mit ihren Genen und diese werden mit nahen Verwandten geteilt. Das selbstlose Teilen von Ressourcen mit verwandten Individuen erhöht die Chancen, dass sie überleben und sich vermehren, und begünstigt, dass die Gene eines Individuums auch in der nächsten Generation präsent sind. Aber eine Verwandtschaft ist nicht immer nötig. Bei einigen sozialen Arten führt die Fähigkeit, sich zu erinnern, wer wer ist, zu gegenseitig vorteilhaften Netzwerken, in denen Gefallen gewährt und erwidert werden.

3-SEKUNDEN-SEKTION
Altruismus ist ein aktives und selbstloses Verhalten mindestens eines Individuums zum Vorteil von anderer seiner Art oder einer Gemeinschaft.

3-MINUTEN-SYNTHESE
Reziproker Altruismus kann kurz beschrieben werden mit „Kratzt du meinen Rücken, kratze ich deinen". Altruistisch gegenüber denen zu handeln, die bedürftig sind, erhöht die Wahrscheinlichkeit eines Individuums mit genug Ressourcen zum Teilen auf Vergeltung, wenn die Dinge anders stehen. Natürlich gibt es auch Betrüger, die Selbstlosigkeit ausnutzen, daher ist es gut, im Blick zu haben, wer in der Gemeinschaft vertrauenswürdig ist.

VERWANDTE THEMEN
Siehe auch
GRUPPENLEBEN
Seite 100

3-SEKUNDEN-BIOGRAFIE
ROBERT TRIVERS
1943–
Amerikanischer Evolutionsbiologe und Soziobiologe, entwickelte 1971 die mathematische Theorie über reziproken Altruismus.

30-SEKUNDEN-TEXT
James Barnett

Natürliche Selektion bevorzugt Gene, die das Überleben und die Fortpflanzung eines Individuums maximieren, Egoismus führt dabei nicht immer zum Ziel.

GRUPPENLEBEN

30-Sekunden-Zoologie

Was haben Löwen, Termiten, Delfine und Kaiserpinguine gemeinsam? Sie verbringen zumindest einen Teil ihres Lebens in Gruppen. Warum entwickelten so unterschiedliche Tiere ein Sozialleben? Das Alleinleben macht Tiere anfälliger für Jäger, Krankheiten verbreiten sich leichter und alle Tiere stehen miteinander in direkter Konkurrenz um Ressourcen. Das Leben in Gemeinschaft hingegen bietet deutliche Vorteile. Wenn Nahrung knapp ist, wird die Futtersuche effizienter. Prädatoren können die Palette ihrer Beutetiere erweitern und die Belohnung für jeden Jäger erhöhen, in der Gruppe ist es möglich, größere und zur Verteidigung gerüstete Beute anzugreifen. Beutetiere ziehen ihren Nutzen allein schon aus der großen Anzahl: Viele Augen sehen Bedrohungen eher als wenige und eine Gruppe ist besser für einen Kampf gegen Raubtiere gerüstet. Die Masse sorgt nicht nur dafür, dass jedes Tier geringere Gefahr läuft, Opfer zu werden, sondern sie ist auch unübersichtlich und macht es Jägern schwerer, ein Ziel zu isolieren. Bei eusozialen Arten können große Gruppen auf einem Niveau kooperieren, das nirgendwo sonst im Tierreich zu sehen ist. In solchen Kolonien sind die Mitglieder eng verwandt, so dass die Zusammenarbeit, eventuell auch auf eigene Kosten, die Chancen maximiert, dass ihre Gene in der nächsten Generation fortbestehen.

3-SEKUNDEN-SEKTION
Tiere, die zusammenleben, können sich besser verteidigen, ihre Jungen aufziehen und Futter suchen, als sie es alleine könnten.

3-MINUTEN-SYNTHESE
Das Leben in der Gruppe wird von eusozialen Arten wie Ameisen, Bienen, Termiten, einigen Shrimps und Nacktmullen (die einzigen Säugetiere, die so leben) mit der höchsten Form der Kooperation und Sozialität überhaupt auf die Spitze getrieben. Eusoziale Kolonien, die sich mitunter aus Millionen von Tieren zusammensetzen, ziehen gemeinsam den Nachwuchs groß, gehen auf Futtersuche und bauen große, gemeinschaftliche Strukturen mit klarer Arbeitstrennung oder Kasten.

VERWANDTE THEMEN
Siehe auch
E. O. WILSON
Seite 90

KOMMUNIKATION
Seite 94

ALTRUISMUS
Seite 98

3-SEKUNDEN-BIOGRAFIE
BERT HÖLLDOBLER
1936–
Einflussreicher deutscher Soziobiologe, gewann mit E. O. Wilson den Pulitzer Preis für *Ameisen*, einem Buch über Ameisenkolonien

30-SEKUNDEN-TEXT
James Barnett

Zusammenarbeiten bedeutet teilen: die Belohnung, aber auch den Aufwand.

PAARUNG

30-Sekunden-Zoologie

Die Paarung vereint Eier und Spermien, damit neue Generationen entstehen – Wege dahin gibt es unterschiedliche. Dabei sind manche Arten monogam, das heißt, sie haben nur einen Sexualpartner, entweder vorübergehend oder lebenslang, oder sie sind polygam und haben viele Partner zur selben Zeit. Bei einigen Arten paaren sich die Männchen mit vielen Weibchen (polygam), bei anderen sind es die Weibchen, die viele männliche Partner haben. Bei wieder anderen paaren sich beide mit vielen Partnern (polygynandrisch). Das jeweils bevorzugte System hängt davon ab, inwieweit die Reproduktionsinvestition der Geschlechter voneinander abweicht und wieviel Elternaufwand nötig ist. Das Weibchen ist meist der begrenzende Faktor, denn die Anzahl der Eier, die es produziert, ist viel niedriger als die Anzahl an Eiern, die ein Männchen befruchten kann. Es gibt aber Ausnahmen, und in den Fällen, in denen die Männchen großen Elternaufwand betreiben, können sie als begrenzendes Geschlecht wirken. Das Odinshühnchen ist ein Beispiel dafür, ein Watvogel, bei dem die Weibchen um die Männchen kämpfen, die sich um den Nachwuchs kümmern. Ohne die Last, Küken aufzuziehen, wird der Bruterfolg nur begrenzt durch die Anzahl der verfügbaren Männchen.

3-SEKUNDEN-SEKTION

Paarung ist der körperliche Prozess, der Ei und Spermium zusammenbringt, wobei sich die elterlichen Gene mischen und ein einzigartiges neues Lebewesen entsteht.

3-MINUTEN-SYNTHESE

Die natürliche und sexuelle Selektion bestimmt das Paarungssystem, das dementsprechend variiert. Bei Hermaphroditen wie Schnecken mit männlichen und weiblichen Geschlechtsorganen, kommt es bei der Paarung zur Konkurrenz darum, wer Eier und wer Spermien produziert. Unser eigenes System ist nicht „normaler" als alle anderen, es hat sich lediglich evolutionär als das erwiesen, mit dem die meisten Gene weitergegeben werden.

VERWANDTE THEMEN

Siehe auch
SEXUELLE SELEKTION
Seite 104

SPERMIENKONKURRENZ
Seite 106

GESCHLECHTSZUWEISUNG
Seite 108

3-SEKUNDEN-BIOGRAFIE

OLD BLUE
1970–1983

1980 war Old Blue das letzte lebende, fruchtbare Weibchen des Langbeinschnäppers. Alle heute lebenden Exemplare gehen auf dieses eine Weibchen zurück.

30-SEKUNDEN-TEXT

James Barnett

Bei der Paarung verschmelzen Spermium und Ei, das richtige System dafür und für die Aufzucht der Nachkommen ist hochvariabel.

SEXUELLE SELEKTION

30-Sekunden-Zoologie

Alle Arten entwickeln sich durch natürliche Selektion. Genetische Mutationen, die die Überlebenschancen und die Chance auf Nachkommen steigern, werden bevorzugt an die nächste Generation weitergegeben. Sexuelle Selektion ist ein Teilbereich der natürlichen Selektion und favorisiert Merkmale, die die Chancen eines Lebewesens auf Paarung verbessern. Grelle Farben, Schmuck und das Verhalten vieler Arten sollen Sexualpartner beeindrucken und Rivalen ausstechen. So sind zum Beispiel die extravaganten Schwanzfedern des Pfaus lang, sperrig, aufwändig zu produzieren und zu pflegen und ziehen schnell die Augen eines hungrigen Raubtiers auf sich. Aber an dem schönen Rad sieht die Henne, dass er ein würdiger Partner sein könnte. Für ihre Küken will sie die besten Gene, damit sie sich gut ernähren können und selbst Sexualpartner anlocken. Ein Männchen, das es sich leisten kann, Ressourcen für etwas anderes als Flucht vor Jägern oder Nahrungssuche aufzubringen, dennoch erfolgreich ist, wird vermutlich diese hochqualitativen Merkmale an seine Nachkommen weitergeben und schöne Söhne und erfolgreiche Töchter produzieren. Üppige Merkmale sind Signale für mögliche Paarungspartner, sie stehen für Gesundheit und Erfolg, schwächere Tiere bestraft die natürliche Selektion.

3-SEKUNDEN-SEKTION

Die Wahl des richtigen Partners ist wichtig für den Erfolg der Nachkommen, darum geben sich viele Tiere enorme Mühe, mit ihren Qualitäten anzugeben.

3-MINUTE SYNTHESIS

Sexuelle Selektion führt oft zu sexuellem Dimorphismus (Männchen und Weibchen unterscheiden sich in Aussehen und Verhalten), weil ihre besten Strategien zur Verbreitung der eigenen Gene voneinander abweichen können. Bei Seeelefanten sehen wir einen extremen sexuellen Dimorphismus: Männchen wiegen bis zu 5000 kg, Weibchen lediglich um die 1000 kg. Die zusätzliche Masse lässt sich auf Konkurrenz unter den Männchen um die Weibchen zurückführen.

VERWANDTE THEMEN

Siehe auch
NATÜRLICHE SELEKTION
Seite 18

PAARUNG
Seite 102

3-SEKUNDEN-BIOGRAFIE

AMOTZ ZAHAVI
1928–2017
Israelischer Evolutionsbiologe, Pionier des Handicap-Prinzips, das besagt, dass sexuell selektierte Merkmale einen Wert vermitteln und verlässliche Signale für die Paarungsqualität sind.

30-SEKUNDEN-TEXT

James Barnett

Einige der schönsten und erstaunlichsten Ornamente und Verhaltensweisen bei Tieren entstanden, um Sexualpartner zu beeindrucken und Rivalen zu warnen.

SPERMIEN-KONKURRENZ

30-Sekunden-Zoologie

Männchen und Weibchen vieler Arten konkurrieren um die begehrenswertesten Partner. Dieser Wettkampf endet nicht unbedingt mit der vollzogenen Paarung – die Spermien kämpfen weiter. Beim Wettrennen zum Ei hat das gesündeste Spermium die beste Chance auf Erfolg. Durch die Paarung mit mehreren Männchen erhöht das Weibchen die Wahrscheinlichkeit, dass sein Ei mit den besten männlichen Genen zusammenkommt. Männchen sind allerdings keine passiven Wettstreiter, sie haben Taktiken entwickelt, um sicherzustellen, dass sie die Väter sind. Um ihre Chancen zu verbessern, haben Männchen von Arten mit starker Spermienkonkurrenz meist größere Hoden. Einige Arten haben enorm große Spermien: die der Fruchtfliege Drosophila bifurca können gestreckt bis zu 56 mm lang werden, 20-mal länger als die Fliege selbst. Andere Arten verwenden mechanische oder chemische Taktiken, um die Spermien von Rivalen auszuschalten, einige Insekten verstopfen gar den Fortpflanzungstrakt des Weibchens, damit es sich nicht weiter paaren kann. Auch die Weibchen mischen mit, welche Spermien erfolgreich sind. Spermizide in ihren Fortpflanzungsorganen töten viele Spermien und merzen die schwachen oder unerwünschten aus.

3-SEKUNDEN-SEKTION
Die Konkurrenz unter den Männchen bleibt nach der Paarung bestehen, wenn die Spermien wetteifern, erster beim Ei zu sein. Der Sieger steht erst fest, wenn das Ei befruchtet ist.

3-MINUTEN-SYNTHESE
In Gemeinschaften von Schimpansen konkurrieren mehrere Männchen um die Paarung mit mehreren Weibchen, Gorillas hingegen leben in Gruppen mit einem dominanten Männchen, dem Silberrücken, der die Weibchen vor Rivalen abschirmt. Schimpansen haben riesige Hoden, die vom Silberrücken sind vergleichsweise winzig. Größere Hoden bedeuten mehr Spermien – eine Taktik, Rivalen durch schiere Masse auszustechen. Darüber brauchen sich Gorillas keine Sorgen zu machen. Die Größe menschlicher Hoden pendelt sich irgendwo in der Mitte ein.

VERWANDTE THEMEN
Siehe auch
NATÜRLICHE SELEKTION
Seite 18

PAARUNG
Seite 102

SEXUELLE SELEKTION
Seite 104

GESCHLECHTSZUWEISUNG
Seite 108

3-SEKUNDEN-BIOGRAFIE
ANGUS JOHN BATEMAN
1919–1996
Britischer Genetiker, von ihm stammt das Bateman-Prinzip: Die Varianz des Paarungs- und Fortpflanzungserfolgs bei Männchen ist bei den meisten Arten größer als bei Weibchen.

30-SEKUNDEN-TEXT
James Barnett

Auch wenn Tausende von Spermien am Wettrennen um das Ei teilnehmen, kann es nur einen Sieger geben.

GESCHLECHTS-ZUWEISUNG

30-Sekunden-Zoologie

Tiere produzieren Nachwuchs allein aus einem Beweggrund: Sie wollen ihre Gene auf die nächste Generation übertragen. Als Menschen könnten wir denken, die das ungefähre 1:1-Verhältnis zwischen unseren Geschlechtern für die gleichen Chancen der Spermien spricht, ein Ei mit einem X- oder Y-Chromosom zu befruchten, es gibt aber auch eine evolutionäre Erklärung. Wenn ein Geschlecht zu stark wird, nimmt die relative Chance auf Nachwuchs ab, so sorgt die Evolution dafür, dass das Gleichgewicht wiederhergestellt wird. Das lässt vermuten, dass die Wahrscheinlichkeit, sich fortzupflanzen, für alle gleich groß ist. Das ist nicht immer so. Bei Arten, die in einem Harem leben (wie Rothirsche, bei denen ein Männchen mehrere Weibchen hat), ist der Fortpflanzungserfolg auf einige wenige dominante Männchen dezimiert, dagegen ist der weibliche Fortpflanzungserfolg nicht aufgrund geringer Verfügbarkeit von Männchen limitiert. Ein Sohn bedeutet ein großes Risiko, denn nur die hochwertigsten Söhne werden sich paaren, aber wenn sie es tun, sorgen sie für viele Nachkommen. Töchter vermehren sich fast garantiert, die Zahl ihrer Nachkommen jedoch ist begrenzt. Es überrascht nicht, dass kleinere, jüngere Mütter zu mehr weiblichen Kindern neigen, das vergrößert die Chancen, ihre Gene weiterzugeben.

3-SEKUNDEN-SEKTION
Beim Nachwuchs gelten für Männchen und Weibchen verschiedene Vor- und Nachteile, viele Arten regeln das Geschlechterverhältnis ihrer Nachkommen.

3-MINUTEN-SYNTHESE
Geschlechterverhältnisse wirken wie zufällig, aber bei einigen Arten legen die Weibchen das Geschlecht der Nachkommen fest. Bei Afrikanischen Wildhunden bleiben die Söhne des Alpha-Weibchens im Rudel und helfen, die nächste Generation zu schützen und zu ernähren. In kleinen Gruppen, in denen mehr Helfer gebraucht werden, bekommen dominante Hündinnen mehr männliche Welpen.

VERWANDTE THEMEN
Siehe auch
NATÜRLICHE SELEKTION
Seite 18

SEXUELLE SELEKTION
Seite 104

SPERMIENKONKURRENZ
Seite 106

3-SEKUNDEN-BIOGRAFIE
RONALD FISHER
1890–1962
Britischer Statistiker, entwickelte die Theorie darüber, warum das Geschlechterverhältnis bei den meisten Tieren 1:1 lautet.

WILLIAM D. HAMILTON
1936–2000
Britischer Evolutionsbiologe, revolutionierte das Wissen über ungewöhnliche Geschlechterverhältnisse.

30-SEKUNDEN-TEXT
James Barnett

Tiere pflanzen sich fort, um ihren Anteil an Genen in der nächsten Generation zu erhöhen, die Chancen ihrer Söhne und Töchter auf Vermehrung hängt von den Umständen ab.

ÖKOLOGIE

ÖKOLOGIE
GLOSSAR

Abiose Leblosigkeit

Allee-Effekt Für viele Arten ist es vorteilhaft, in geringer Dichte zu leben, das hält die Konkurrenz niedrig und begünstigt schnellere Fortpflanzung. Bisweilen sind Nachbarn aber nützlich, etwa zur Wirtsabwehr oder um Feinde eher zu erspähen. Dabei ist eine große Gruppe besser aufgestellt. Es wird vermutet, dass der rasche Rückgang an Wandertauben zum Teil auf den Allee-Effekt zurückzuführen ist.

allogene Ingenieure Ökosystem-Ingenieure, die ihr Umfeld durch ihr Verhalten verändern, etwa durch das Durchwühlen der Erde oder dem Bau von Dämmen.

aposematische Färbung Auffällige Färbung als Warnung für Fressfeinde, dass das potenzielle Opfer tödlich, gefährlich oder ungenießbar sein könnte.

Artenbildung Prozess, in dem neue Arten durch genetische Isolation entstehen.

autogene Ingenieure Ökosystemingenieure, die ihre Umgebung durch ihre Anwesenheit verändern – z. B. Bäume oder Korallen.

bakterielle Symbionten Bakterien, die zum Überleben auf ihren Wirt angewiesen sind und von denen der Wirt profitiert. Zum Beispiel unterstützen die Bakterien Tiere bei der Verdauung von Nahrung, indem sie bestimmte Nährstoffe bereitstellen, die ihr Wirt nicht aus der Nahrung lösen oder selbst herstellen kann.

Ektoparasit Parasit, der äußerlich auf dem Wirt zu finden ist, z. B. Flöhe oder Läuse.

Endoparasit Parasit, der in seinem Wirt lebt, z. B. Bandwürmer und Viren.

Energetik Energiefluss in einem Ökosystem, meist mit Sonnenlicht beginnend und ultimativ als Hitze aufgelöst, nachdem sie eine Nahrungskette durchlaufen hat, in der ein Lebewesen andere frisst.

fakultative Beziehungen Wechselseitige Handlungen zwischen Arten, wobei eine Art ohne die Art überlebt, aber beide Vorteile voneinander haben. Im Gegensatz dazu steht die obligate Beziehung, bei der Arten einander brauchen, um zu überleben, besteht bei einigen Pflanzen und ihren Bestäubern.

Intra-/Innerspezifische Konkurrenz
Konkurrenz ist der Kampf Einzelner um Ressourcen wie Futter oder Verstecke, entweder zwischen Angehörigen einer Art (intraspezifisch) oder mit anderen Arten (innerspezifisch).

Kloakentiere Säugetiergruppe, die Eier legt, ihre Jungen aber auch säugt. Einzig lebende Kloakentiere sind Schnabeltiere und vier Ameisenigel-Arten.

Koevolution Wechselseitige evolutionäre Entwicklung zweier oder mehr Arten, wobei sich bei Veränderung einer Art auch die anderen ändern, was einen ewigen Kreislauf von Veränderung und Reaktion zur Folge hat.

kommensale Arten Arten, die sich an den Ressourcen anderer bedienen, ohne Schaden zu verursachen.

Konkurrenzausschlussprinzip Nicht zwei Arten, die am selben Ort leben, haben identische ökologische Anforderungen, eine wird immer die andere ausstechen.

Parasitoide Meist Insekten (oft Wespen), die ihre Eier auf oder in andere Insekten legen. Die Larven sind parasitär und töten ihre Wirte, wenn sie als Erwachsene schlüpfen.

Primärproduktivität Synthese von komplexen organischen Verbindungen aus Kohlenstoffdioxid und Wasser, hauptsächlich durch Fotosynthese. Primärproduktivität ist die Biomasse, die in einem bestimmten Gebiet produziert wird.

Renaturierung Wiederherstellung eines Gebiets in einen Zustand, der vor dem Eingreifen der Menschen bestand. In den letzten Jahren gehörte zur Renaturierung das Aussetzen von großen Säugetieren wie Wölfen, Bibern und Luchsen dort, wo sie einst ausgerottet wurden.

Scramble Competition Eine limitierte Ressource ist allen Individuen zugänglich, so dass die Nahrungsmenge für den Einzelnen im Maße abnimmt, wie die Ressource verbraucht wird. Dagegen haben bei der Contest Competition wenige Individuen Zugriff darauf und bekommen immer genug, während andere leer ausgehen.

trophische Kaskade Ereignisse in der Nahrungskette, wenn ein verändertes Vorkommen von Prädatoren die Anzahl der Pflanzenfresser verändert und schließlich auch das Pflanzenvorkommen beeinflusst. Das Konzept der trophischen Kaskade erklärt, warum ein Wegfall von Spitzenprädatoren ein Ökosystem besonders schwächt.

Vektoren Tiere, die Krankheiten von einem Wirt auf den nächsten übertragen, z. B. Mücken.

Wallace-Linie Gedachte Trennlinie zwischen Australasien und Asien, markiert Regionen mit sehr unterschiedlicher Flora und Fauna.

Zoonose Krankheit, die von Tieren auf Menschen übertragen werden, z. B. Ebola von Fledermäusen und Milzbrand über Rinder.

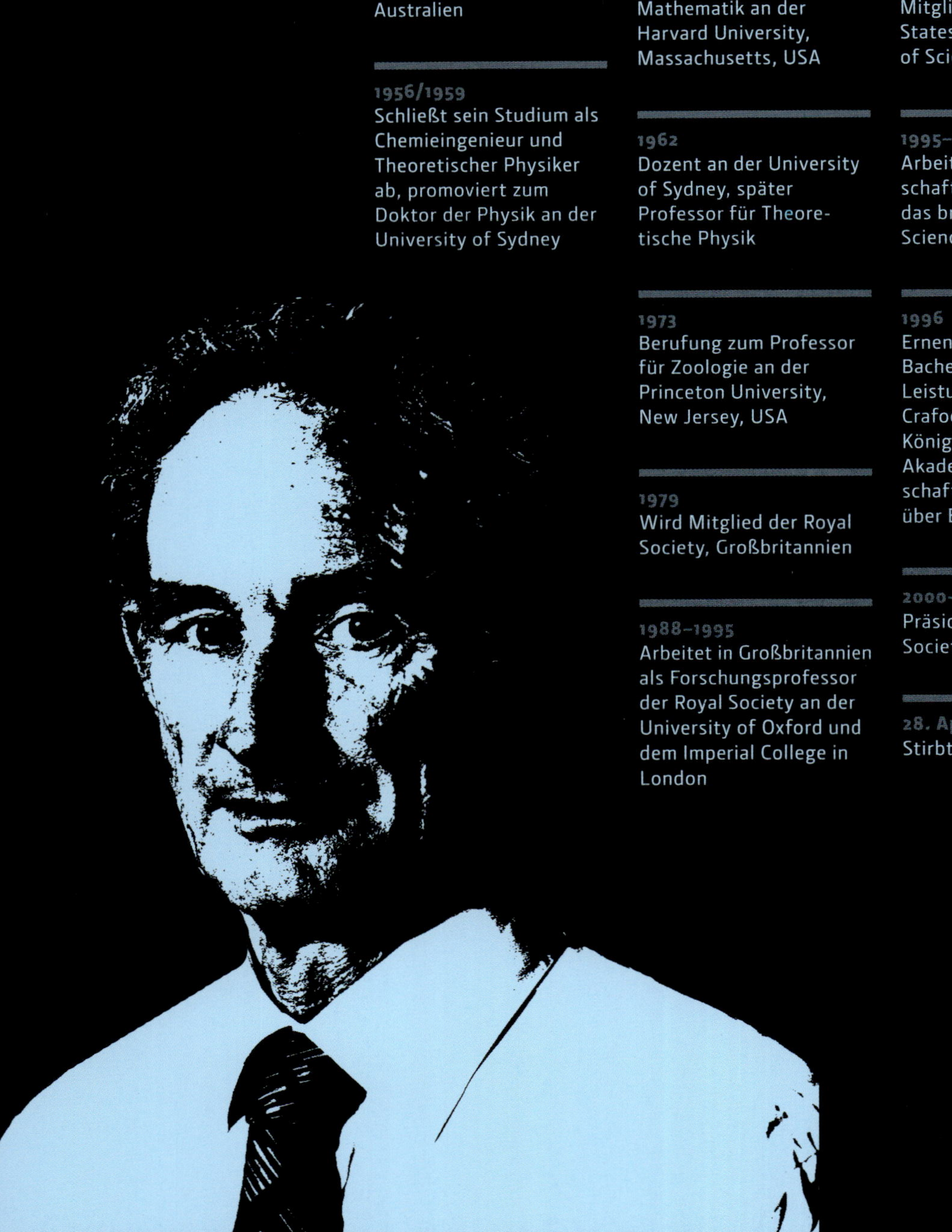

8. Mai 1936
Geboren in Sydney, Australien

1956/1959
Schließt sein Studium als Chemieingenieur und Theoretischer Physiker ab, promoviert zum Doktor der Physik an der University of Sydney

1959
Dozent für angewandte Mathematik an der Harvard University, Massachusetts, USA

1962
Dozent an der University of Sydney, später Professor für Theoretische Physik

1973
Berufung zum Professor für Zoologie an der Princeton University, New Jersey, USA

1979
Wird Mitglied der Royal Society, Großbritannien

1988–1995
Arbeitet in Großbritannien als Forschungsprofessor der Royal Society an der University of Oxford und dem Imperial College in London

1992
Wird zum ausländischen Mitglied der United States National Academy of Sciences gewählt

1995–2000
Arbeitet als wissenschaftlicher Berater für das britische Office of Science and Technology

1996
Ernennung zum Knight Bachelor für seine Leistungen, erhält den Crafoord-Preis der Königlich Schwedischen Akademie der Wissenschaften für seine Studien über Biodiversität

2000–2005
Präsident der Royal Society

28. April 2020
Stirbt in Oxford, UK.

ROBERT MAY

Robert McCredie „Bob" May wurde 1936 in Sydney, Australien geboren. Als Junge brillierte er in Naturwissenschaften, später studierte er in Sydney Physik und Chemieingenieurswesen und promovierte in Theoretischer Physik. Anschließend arbeitete er an der Harvard University, bevor er nach Sydney zurückkehrte und Professor für Physik wurde. Zu dieser Zeit begann May, sich für ökologische Fragen zu interessieren, angestoßen durch die Bewegung zur sozialen Verantwortung der Wissenschaft.

Als Physiker erfolgreich, hatte Mays Arbeit in der Populationsökologie noch größere Bedeutung. Er überlegte, wie die Komplexität eines Ökosystems sich auf seine Stabilität auswirkt. Bis dahin dachte man, dass eine hohe Anzahl von Arten in einem Ökosystem zu größerer Widerstandsfähigkeit führt, Mays mathematischer Ansatz jedoch zeigte, dass das nicht der Fall sein muss, sondern dass einfache Systeme erstaunlicherweise robuster sind. Daraufhin entspann sich eine äußerst wichtige Debatte, um komplexen Ökosystemen zu ermöglichen, zu bestehen.

May arbeitete in Großbritannien mit dem Ökologen Sir Richard Southwood am Imperial College, bevor er nach Princeton wechselte, wo er 1973 Professor für Zoologie wurde und seine Thesen in mathematischer Populationsökologie mit Schwerpunkt auf der Auswirkung von Chaos auf Populationsdynamiken verfasste. Seine Arbeit wurde vielfach beachtet und half, einfache ökologische Prozesse der Fortpflanzung und Sterblichkeit mit komplexen und häufig unvorhersehbaren Ausgängen zu verbinden. Später wandte sich May wieder der Krankheitsübertragung, dem Schätzen der Artenanzahl weltweit, Naturschutz und Übererntung zu und brachte zu diesen immens wichtigen Themen eine frische mathematische Sicht ein. Später übertrug er seine Ideen auf das Bankgeschäft und versorgte Institutionen wie die Bank of England mit Erkenntnissen darüber, wie globale finanzielle Zusammenbrüche zukünftig am besten vermieden werden.

1988 zog May nach England und lehrte als Professor der Royal Society zeitgleich am Imperial College und an der Universität Oxford. Er erhielt viele Preise, darunter den Crafoord Preis der Königlich Schwedischen Akademie für Fachbereiche, die nicht vom Nobelpreis berücksichtigt werden. 1996 wurde er zum Ritter geschlagen und 2001 als Baron May of Oxford in das House of Lords berufen.

Mays Einfluss ist enorm. Er war wissenschaftlicher Chefberater der britischen Regierung, leitete die Behörde für Wissenschaft und Technik und stand der Royal Society vor. Er war Professor Emeritus an der Universität von Oxford und Fellow am Merton College, Oxford. Robert May starb am 28. April 2020 im Alter von 84 Jahren in Oxford, UK.

Mark Fellowes

BIOGEOGRAFIE

30-Sekunden-Zoologie

Es gibt geschätzt mehr als 10 Millionen Arten, die jedoch nicht gleichmäßig über die Erde verteilt sind. Biogeografie erklärt, wie es dazu kommt. Eine naheliegende Antwort lautet, dass die Menschheit Ökosysteme stark vereinfacht hat und sich dort, wo Menschen den größten Einfluss haben, am wenigsten Arten finden. Wenn wir dies berücksichtigen, lassen sich dennoch Muster für Artenreichtum erkennen. Sie zu verstehen, hilft Zoologen, ökologische und evolutionäre Prozesse als Verursacher für diesen Zustand aufzudecken. Zum Beispiel kommt es auf den Breitengrad an: Je näher am Äquator wir schauen, desto mehr Arten finden wir. Das liegt an der Energie dort. Je weiter wir uns von den Polen entfernen, ist die Sonneneinstrahlung stärker und es gibt mehr Regen, das begünstigt die Primärproduktivität (Pflanzenwachstum) und es können mehr Pflanzenfresser ernährt werden und als Folge davon mehr Prädatoren und Parasiten. Das führt zu großer Diversität. Eine andere Regel betrifft Gebiet und Isolation. Wenn alle Bedingungen gleich sind, gilt bei Inseln derselben Größe, dass auf denen, die isolierter liegen, weniger Arten leben. Bei gleicher Isolation finden sich auf größeren Inseln mehr Arten als auf kleinen. Die Abgeschiedenheit begrenzt die Anzahl der Arten, die die Insel finden und die Größe hat Einfluss auf die Menge an Nischen, die besetzt werden können.

3-SEKUNDEN-SEKTION
Die Artverbreitung wird durch komplexe verzahnte Faktoren erklärt, von der Artenbildung (genetisch isolierte Tiere entwickeln sich in eigene Arten) und Plattentektonik zu Energiefluss und Ökologie.

3-MINUTEN-SYNTHESE
Zwischen den indonesischen Inseln Bali und Lombok verläuft die Wallace-Linie, die berühmteste biogeografische Grenze. Zwar sind die Inseln nur 35 km voneinander entfernt, befinden sich aber in zwei biogeografischen Zonen. Östlich der Linie leben die Tiere Australiens, die Beutel- und Kloaktentiere, die Kakadus und Kängurus, westlich die plazentaren Säugetiere, asiatischen Primaten, Fasane und Großkatzen. Die Linie trennt zwei Gebiete mit ungleicher evolutionärer Geschichte, als Folge von verändertem Meeresspiegel und Isolation.

VERWANDTE THEMEN
Siehe auch

ALFRED RUSSEL WALLACE
Seite 14

E. O. WILSON
Seite 90

KONKURRENZ
Seite 118

PRÄDATION
Seite 122

MUTUALISMUS
Seite 126

SCHLÜSSELARTEN
Seite 128

3-SEKUNDEN-BIOGRAFIE
GEORGE EVELYN HUTCHINSON
1903–1991
Britischer Ökologe, benannte 1959 in „Homage to Santa Rosalia“ Energetik als Schlüssel für die Abnahme an Biodiversität bei wachsender Entfernung vom Äquator.

30-SEKUNDEN-TEXT
Mark Fellowes

Die Biogeografie erklärt, warum Tiere dort leben, wo sie leben.

Java of
Palambuam

KONKURRENZ

30-Sekunden-Zoologie

Fehlen in einer Umgebung Prädatoren und Krankheiten, werden Tierpopulationen durch die Verfügbarkeit von Ressourcen beschränkt. Kleine Populationen können exponentiell wachsen, da genug Ressourcen vorhanden sind – zu beobachten, wenn Schädlinge wie Heuschrecken in neue Regionen vordringen. Wachsen sie bis zur Plage heran, treten die Individuen um Futter in Konkurrenz, das bremst ihr Wachstum und ihre Fortpflanzung, bis die Population ihre Tragfähigkeit erreicht. Dabei gleichen Sterbefälle aufgrund Futtermangel die Geburtenrate aus. Konkurrenz ist kein fairer Wettstreit, es gibt Gewinner und Verlierer, wenn ein dominantes Individuum Ressourcen erhält und andere leer ausgehen. Bei einer Scramble Competition verliert jeder. Hierbei sind die Konkurrenten ebenbürtig und bekommen alle ihren Anteil. Als Folge davon verhungern sie, wenn nicht genug Futter für jeden verfügbar ist. Ein Schlüssellehrsatz der Konkurrenztheorie besagt, dass die Dichte entscheidet: Mehr Individuen führen zu mehr Konkurrenz. Allerdings muss darauf hingewiesen werden, dass das nicht immer zutrifft. Der Allee-Effekt zeigt, dass Populationen mit geringer Dichte weniger erfolgreich sind, als erwartet werden kann, denn mehr Mitglieder, die zusammenarbeiten, ebnen den Zugang zu Ressourcen, die sonst unerreichbar blieben.

3-SEKUNDEN-SEKTION
Ressourcen und der Kampf um sie beschränkt die Größe von Populationen. Ohne Konkurrenz würden die Nachkommen eines *Ecoli* unseren Planeten in weniger als zwei Tagen bedecken.

3-MINUTEN-SYNTHESE
Die Konkurrenz um Futter, Paarungsmöglichkeiten und Raum findet zwischen (interspezifisch) oder innerhalb (intraspezifisch) von Arten statt. Bei der interspezifischen Konkurrenz gilt das Ausschlussprinzip, nach dem keine zwei Arten, die um dieselbe begrenzte Ressource konkurrieren, existieren können. Eine Art wird gewinnen, die andere unterliegen. In der Natur kommt das selten vor, denn Gewinner werden nicht durch den einen Faktor bestimmt. Die Welt ist ein komplizierter Ort.

VERWANDTE THEMEN
Siehe auch
HERBIVORIE
Seite 120

PRÄDATION
Seite 122

MUTUALISMUS
Seite 126

3-SEKUNDEN-BIOGRAFIE
WARDER CLYDE ALLEE
1885–1955
Amerikanischer Ökologe, nach dem der Allee-Effekt benannt wurde

GEORGI FRANZEWITSCH GAUSE
1885–1955
Sowjetischer Biologe, entwickelte das Konkurrenzausschlussprinzip

30-SEKUNDEN-TEXT
Mark Fellowes

Konkurrenz findet sich überall. Ohne sie gibt es nur wenige Regulatoren für Populationsgrößen.

HERBIVORIE

30-Sekunden-Zoologie

Warum ist die Erde noch grün?

Diese auf den ersten Blick einfache Frage stellten 1960 drei Ökologen, die wissen wollten, warum Herbivoren die Pflanzen nicht ausrotten. Sie vermuteten, dass Pflanzen überleben, weil die Zahl der Herbivoren in einem Top-down-Prozess durch Prädatoren begrenzt wird. Das trifft unter Umständen zu, so haben sich dort, wo Meerotter durch Bejagung ausgerottet wurden, Seeigel so stark ausgebreitet, dass sie Kelpwälder zerstörten. Ein anderes Argument ist, dass Prädatoren nicht so wichtig sind, wie es scheint. Pflanzen sind keine passiven Opfer, die darauf warten, gefressen zu werden: Sie besitzen eine Reihe physischer und chemischer Waffen, die ihre Qualität als Nahrung herabsetzen. Pflanzenfresser müssen sich an Dornen, Stacheln und Säften vorbeiarbeiten, bevor sie ihr Mahl beginnen können. Und dann müssen sie sich noch mit Kristallen herumschlagen (die Kiefer abnutzen) und komplexer Chemie, die sie vergiften kann und die Nahrungsqualität der Pflanze weiter herabsetzt, wenn sie sich an Stickstoffverbindungen bindet und sie blockiert. Dass die Welt grün ist, kann also daran liegen, dass die Anzahl der Herbivoren durch schlechte Ernährung limitiert wird. Ob in Top-down- oder Bottom-up-Prozessen, die Herbivorie hat die Evolution der Pflanzenchemie vorangetrieben und der Menschheit vielgenutzte Stimulantien (Koffein), Geschmäcker (Chili) und Drogen (Kokain, Heroin) beschert.

3-SEKUNDEN-SEKTION
Ihre vegetarische Ernährung hält Herbivoren gefangen zwischen Prädatoren (von denen einige absichtlich von Pflanzen zu deren Schutz angelockt werden) und Nahrung schlechter Güte.

3-MINUTEN-SYNTHESE
Pflanzenfresser haben viel Geschick entwickelt, die Verteidigungsmechanismen von Pflanzen zu überwinden. Die meisten verlassen sich auf bakterielle Symbionten (Bakterien, die symbiotisch in ihnen leben), die ihnen bei der Verdauung helfen und einen beachtlichen Anteil ihres Mikrobioms ausmachen. Andere, wie Nasenaffen, und Wiederkäuer wie Rinder, besitzen komplizierte, langsam arbeitende Systeme. Andere lassen sich einfach Zeit – Faultiere sind aus guten Gründen so faul.

VERWANDTE THEMEN
Siehe auch
KONKURRENZ
Seite 118

PRÄDATION
Seite 122

MUTUALISMUS
Seite 126

SCHLÜSSELARTEN
Seite 128

3-SEKUNDEN-BIOGRAFIE
NELSON HAIRSTON SR.
1917–2008

FREDERICK SMITH
1920–2012

LAWRENCE SLOBODKIN
1928–2009

Amerikanische Zoologen und Ökologen, machten das Konzept der trophischen Kaskade bekannt: Prädatoren helfen Pflanzen durch die Entnahme von Herbivoren.

30-SEKUNDEN-TEXT
Mark Fellowes

Pflanzenfresser haben es nicht leicht. Pflanzen verfügen über trickreiche chemische Waffen, um sich Feinde vom Leib zu halten.

PRÄDATION

30-Sekunden-Zoologie

Prädatoren töten ihre Beute.

Sowohl Jäger als auch Gejagte interagieren ökologisch sowie koevolutionär in der Entwicklung von Verteidigung und Gegenverteidigung. Einige der herrlichsten Tiere wurden durch ihr Leben als Jäger oder Gejagte zu dem gemacht, was sie heute sind, weil die Evolution Eigenschaften hervorbrachte, die ihren Erfolg steigerten. Jäger wurden schneller, zu Meistern der Tarnung, sie entwickelten durch Anpassung Waffen wie Klauen, Zähne oder Gift. Im Gegenzug erzeugte der evolutionäre Druck Beutetiere, die schnell, wendig, bewaffnet, wachsam und manchmal giftig sind, mit leuchtenden Farben als Warnung an die Prädatoren, dass sie ungenießbar sind. Einige Beutetiere kooperieren und signalisieren anderen, dass ein Jäger in der Nähe ist, andere bluffen und ahmen größere und gefährlichere Tiere nach. Diese Eskalation der Eigenschaften, die mitbestimmen, ob Tiere essen oder gegessen werden, ist im Grunde ein Wettrüsten. Es heißt, dass Selektionsdruck asymmetrisch wirkt und zu Flucht tendiert. Das ist das „Life-Dinner Principle“: Beutetiere, die nicht flüchten, verlieren ihr Leben und hinterlassen keine Nachkommen, ein Raubtier hingegen, das keine Beute fängt, lässt nur eine Mahlzeit aus. Das heißt, dass das Tempo der Koevolution von Prädatoren und Beutetieren auf vielerlei Weisen beschränkt wird, aber es lässt die Tatsache außer Acht, dass das Auslassen vieler Mahlzeiten schließlich auch zum Tod führt.

3-SEKUNDEN-SEKTION

Für Jäger und Gejagte ist Prädation eine Tatsache des Lebens – einschließlich des Jagens von Jägern bis an die Spitze der Nahrungskette.

3-MINUTEN-SYNTHESE

Prädatoren und Beutetiere koexistieren nicht immer. Invasive Raubtiere haben in vielen Teilen der Welt Verwüstungen an der Biodiversität angerichtet. Die Hauskatze gilt weithin als eine der verheerendsten Arten, weil sie bisher 63 bekannte Arten von Vögeln, Säugetieren und Reptilien ausgerottet hat. Das bekannteste Beispiel ist der Stephensschlüpfer, ein flugunfähiger Vogel in Neuseeland, der 1894 durch jagende Katzen ausstarb.

VERWANDTE THEMEN

Siehe auch
KONKURRENZ
Seite 118

HERBIVORIE
Seite 120

MUTUALISMUS
Seite 126

SCHLÜSSELARTEN
Seite 128

3-SEKUNDEN-BIOGRAFIE

JOHN RICHARD KREBS
1945–
Britischer Ornithologe, der mit Richard Dawkins (1941–) das Konzept des „Life-Dinner Principle“ bekanntmachte.

30-SEKUNDEN-TEXT

Mark Fellowes

Prädatoren und Beute sind in einem Tanz um natürliche Selektion und Überleben verschlungen.

PARASITISMUS

30-Sekunden-Zoologie

Ektoparasiten (Läuse, Flöhe und Pilze) und Endoparasiten (Egel, Bandwürmer, Bakterien und Viren) ist gemeinsam, dass die Beziehung zu ihrem Wirt eine Einbahnstraße ist. Ihre Lebenszyklen variieren stark in ihrer Komplexität, aber jeder Lebensabschnitt ist ausgerichtet auf Übertragung (auf andere Wirte, häufig durch Vektorarten) und Überleben (Umgehen des Immunsystems des Wirts oder Verteidigung durch Verhalten) angepasst. Parasiten kommen überall vor und fast jeder war schon einmal befallen, vielleicht auch nur durch die harmlose Haarbalgmilbe. Die meisten Parasiten richten nur wenig Schaden an gesunden Wirten an, aber die Folgen einer Infektion können gravierend sein. Wie Parasiten auf Menschen wirken, wissen wir – Malaria, zum Beispiel –, aber bei Tierpopulationen kann ein Befall desaströs werden. Eine der größten Bedrohungen für Amphibien ist der Chytridpilz, wegen dem viele Arten weltweit vor dem Aussterben stehen. Der Pilz wurde von Afrika aus durch Export des Krallenfrosches verbreitet, der in den 1930er bis 1950er Jahren für Schwangerschaftstests eingesetzt wurde. Parasiten können jedoch auch nützlich sein. Maniok wird durch die invasive Maniokschmierlaus bedroht, das Aussetzen spezialisierter Insektenparasiten (Parasitoiden) brachte den Befall unter Kontrolle und rettete die Hauptnahrung von Millionen von Menschen.

3-SEKUNDEN-SEKTION
Parasiten sind Arten, die auf oder in anderen Arten leben und Nährstoffe aus ihrem Wirt ziehen und ihn dabei schädigen.

3-MINUTEN-SYNTHESE
Parasiten leben verborgen, ihre Folgen aber sind überall. Eine ernste Bedrohung für Menschen sind Zoonosen, Krankheiten, die die Artenbarriere zwischen Tier und Mensch überspringen. Man nimmt an, dass Krankheiten wie HIV und Zika durch Viren ausgelöst wurden, die von Affen auf Menschen übergegangen sind. Die Spanische Grippe tötete zwischen 1918 und 1920 etwa 100 Millionen Menschen. In letzter Zeit wurde mit großem Aufwand die Ausbreitung von Vogelgrippe aus Angst vor einer neuerlichen Pandemie überwacht.

VERWANDTE THEMEN
Siehe auch
KONKURRENZ
Seite 118

MUTUALISMUS
Seite 126

3-SEKUNDEN-BIOGRAFIE
ALPHONSE LAVERAN
1845–1922
Französischer Arzt, hatte die Idee, dass ein Protist Malaria verursachte, erhielt 1907 den Nobelpreis für Medizin.

CARLOS FINLAY
1833–1913
Kubanischer Arzt, fand heraus, dass Moskitos Vektoren von Krankheiten wie Malaria sind.

TU YOUYOU
1930–
Chinesische Chemikerin, bewies, dass ein Pflanzenextrakt, Artemisinin, der in der Traditionellen Chinesischen Medizin verwendet wird, gegen Malaria hilft, erhielt 2015 den Nobelpreis für Medizin.

30-SEKUNDEN-TEXT
Mark Fellowes

Parasiten sind fantastisch auf die Biologie ihrer Wirte angepasst.

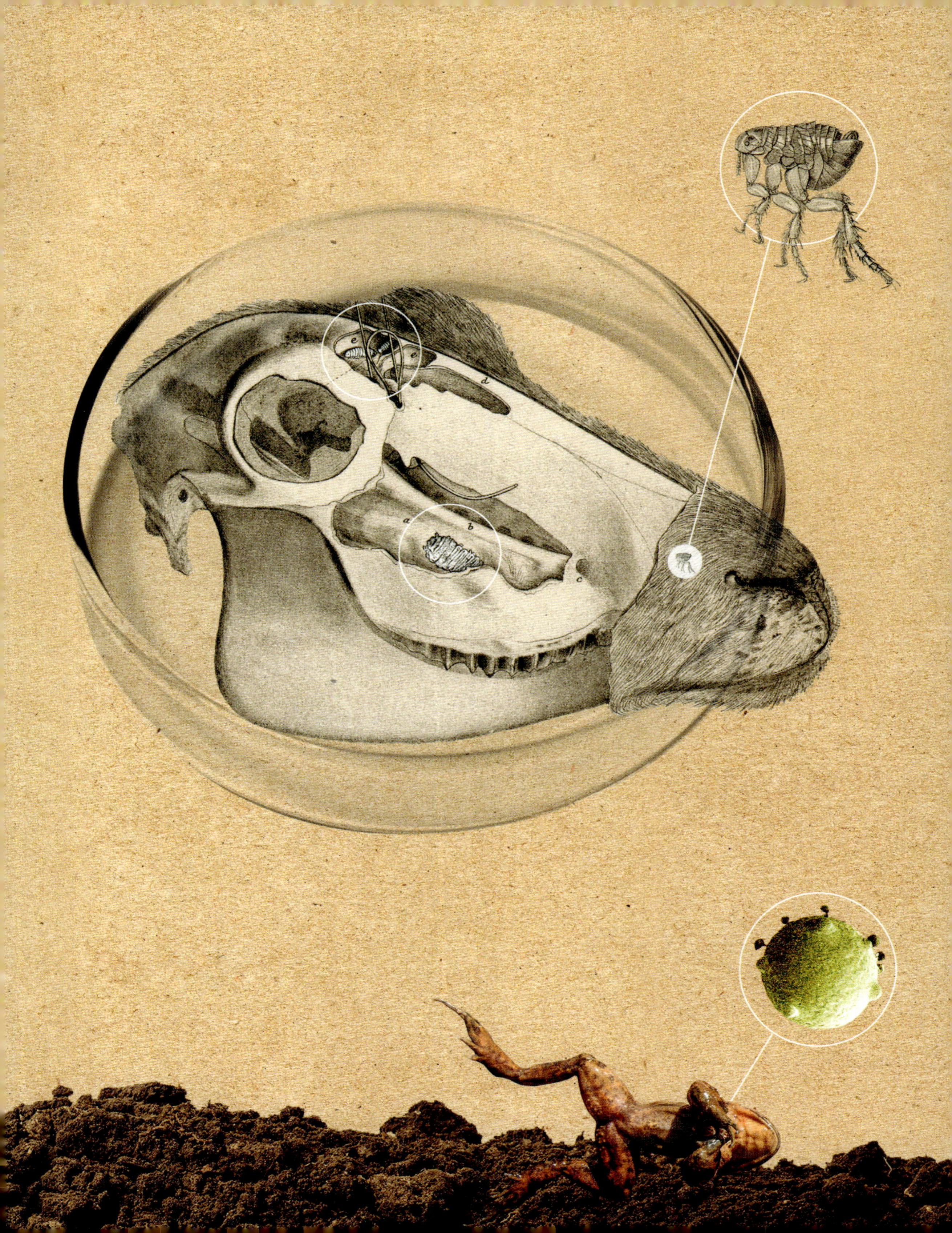

MUTUALISMUS

30-Sekunden-Zoologie

„Die Natur rot an Zähnen und Klauen" schreibt Tennyson in seinem Gedicht *In Memoriam* und diese Worte werden häufig zitiert, um die wahre Natur zu beschreiben: Du isst oder du wirst gegessen. Du gewinnst oder du stirbst. Diese Ansicht dominierte über Jahrzehnte die Ökologie und die Evolutionsbiologie, bis erkannt wurde, dass das Kooperieren zwischen Arten, bekannt als Mutualismus, in der Natur stark verbreitet ist. Zwar entstanden die Kooperationen aus gegenseitigem Selbstinteresse, wobei beide Seiten profitieren, es entwickelten sich aber auch Beziehungen, für die Mutualismus verpflichtend ist, denn das Überleben der Arten ist nur miteinander möglich. In Tropenwäldern sind Feigenbäume Schlüsselarten, die Ressourcen für viele andere Arten sind. Die Existenz der etwa 900 Feigenarten wird durch die bestäubende Feigenwespe gesichert, wobei zu fast jeder Feigenart eine spezielle Bestäuberart gehört. Weder Feigenbaum noch Feigenwespe könnten ohneeinander überleben. Andere Spielarten des Mutualismus sind freiwillig, das heißt, die Arten brauchen sich nicht zum Überleben, ziehen aber gegenseitig große Vorteile aus der Existenz der anderen. Überall auf der Welt werden Arten von echten Käfern (wie Blattläusen) von Ameisen betreut. Die Ameisen beschützen die Insekten vor Prädation und ernten dafür im Gegenzug deren Honigtau (ein süßes Sekret).

3-SEKUNDEN-SEKTION

Nicht jede Interaktion in der Natur ist brutal oder einseitig. Einige Arten entwickelten Kooperationen mit anderen, von denen beide Seiten profitieren.

3-MINUTEN-SYNTHESE

Ohne Mutualismus könnte unsere Gesellschaft nicht existieren. Mutualismus ist der Motor für Ackerbau (durch Bestäuber) und Viehzucht (Pflanzenfresser, die wir essen und melken, benötigen Bakterien zur Verdauung der Pflanzen). Die Wissenschaft führt an, dass die Tiere und Pflanzen, bei denen wir gewollte Eigenschaften durch Zucht stark betont haben – wie Leistung und Fügsamkeit – heute nicht mehr in der Lage wären, ohne uns zu überleben und wir auch nicht ohne sie.

VERWANDTE THEMEN

Siehe auch
KONKURRENZ
Seite 118

HERBIVORIE
Seite 120

PRÄDATION
Seite 122

SCHLÜSSELARTEN
Seite 128

ÖKOSYSTEM-INGENIEURE
Seite 130

3-SEKUNDEN-BIOGRAFIE

PIERRE-JOSEPH VAN BENEDEN
1809–1894
Belgischer Zoologe, führte 1876 den Begriff Mutualismus ein

30-SEKUNDEN-TEXT

Mark Fellowes

Manchmal lässt die Natur es zu, dass beide Seiten das Spiel des Lebens gewinnen.

SCHLÜSSELARTEN

30-Sekunden-Zoologie

In Ökosystemen sind es die Schlüsselarten, die alles zusammenhalten. Bob Paine ersann den Begriff 1966, nachdem er Gezeitengebiete der Felsenküsten im Bundestaat Washington, USA erforscht hatte. Paine beobachtete, dass die Entnahme von Seesternen die natürlichen Gemeinschaften simplifizierte, denn fast die Hälfte der Arten verschwand. Seesterne fraßen vorher Molluskenarten, die sich auskonkurriert hätten, so blieb die Artenvielfalt erhalten. Daraufhin wurden viele weitere Schlüsselarten ausfindig gemacht. Das vielleicht beeindruckendste Beispiel ist der Wolf im Yellowstone Nationalpark in Wyoming. Wölfe wurden dort in den 1930er Jahren ausgerottet. Hinterher vermehrten sich die Arten, die vorher seine Beute gewesen waren, rasant. Elche übergrasten Schösslinge und lösten damit eine Kaskade negativer Auswirkungen aus, darunter den Rückgang der Singvogeldiversität. Es gab weniger Biber, damit flossen die Flüsse ungehindert und die Erosion griff stärker um sich. Mit dem Wiedereinsetzen des Wolfs in den 1990ern wurde die Uhr zurückgedreht, denn die Prädation wirkte sich direkt (Anzahl der Elche) und indirekt (Elchverhalten) positiv auf den Verbiss aus. Als Folge stieg die Vielfalt an Singvögeln wieder an und es gab mehr Biber, so dass die Flüsse sich ihren Weg wieder erkämpfen mussten. Das Überraschende dabei? Im Yellowstone Park leben lediglich 100–150 Wölfe auf einem Gebiet von fast 9000 Quadratkilometern.

3-SEKUNDEN-SEKTION

Schlüsselarten erhalten in keinem Verhältnis zu ihrer Stückzahl die Struktur und Stabilität von Ökosystemen. Ihr Verlust kann der Biodiversität dauerhaft schaden.

3-MINUTEN-SYNTHESE

Schlüsselarten sind für ihre Umgebung von großer Bedeutung, dennoch haben Menschen sie immer wieder in allzu großer Anzahl aus ihren Ökosystemen entfernt. Wir neigen dazu, große Prädatoren anzugreifen, deren Anwesenheit einige starke Konkurrenten davon abhält, die Ökosysteme zu beherrschen. Im Naturschutz und der Wiederherstellung von Ökosystemen muss zum Auswildern die Rückkehr von Schlüsselarten gehören. Der enorme und positive Effekt, den eine Handvoll Wölfe im Yellowstone Nationalpark ausübt, ist der Beweis für dieses Vorgehen.

VERWANDTE THEMEN

Siehe auch
KONKURRENZ
Seite 118

HERBIVORIE
Seite 120

PRÄDATION
Seite 122

MUTUALISMUS
Seite 126

ÖKOSYSTEM-INGENIEURE
Seite 130

3-SEKUNDEN-BIOGRAFIE

ROBERT „BOB" T. PAINE
1933–2016
Amerikanischer Zoologe, entwickelte das Konzept der Schlüsselarten, mit dem er Generationen von Ökologen und Biologen beeinflusste.

30-SEKUNDEN-TEXT

Mark Fellowes

Spitzenprädatoren sind nötig, damit Ökosysteme funktionieren, ihre Präsenz fördert die Biodiversität.

ÖKOSYSTEM-INGENIEURE

30-Sekunden-Zoologie

Tiere sind nicht nur passive Bewohner einer abiotischen Welt, sie gestalten sie für sich und andere. Alle Arten verändern ihre Umgebung ein wenig. 1994 verkündeten Clive Jones und Kollegen, dass einige ungewöhnlich großen Einfluss auf ihre Umwelt und damit auch auf die Arten um sie herum ausüben. Sie sind die Ökosystem-Ingenieure. Sie verwandeln Elemente des abiotischen Umfelds mechanisch (allogene Ingenieure) oder durch ihr Wachstum und ihre Präsenz (autogene Ingenieure). Biber etwa sind allogene Ingenieure. Ihre Dämme, die sie quer durch Flüsse bauen, bremsen das Fließtempo, neue Teiche und Seen entstehen und damit reiche Habitate für Fische, die stehende Gewässer bevorzugen. Sie reduzieren Erosion, mindern die Überschwemmungsgefahr flussabwärts und verbessern das Nährstoffvorkommen für die, die im Sediment leben. Indem sie das Ökosystem verändern, verschaffen Biber vielen anderen Arten Vorteile. Korallen sind autogene Ingenieure. Die physische Struktur lebender und toter Korallen bilden ein Habitat für Massen von Fischschwärmen, Korallenriffe gehören zu den Orten der Erde mit der höchsten Diversität. Ökosystem-Ingenieure umgeben uns überall: Maulwürfe und Regenwürmer graben die Erde in unseren Gärten um, Spechte hämmern Löcher in Bäume, Rinder und Rotwild laufen Trampelpfade, die sich mit Wasser füllen. Alles das erschafft Umgebungen, die besetzt werden können.

3-SEKUNDEN-SEKTION

Ökosystem-Ingenieure werden Arten genannt, die ihre Umgebung verändern und die Verfügbarkeit von Nahrung und Lebensraum für andere Arten immens steigern.

3-MINUTEN-SYNTHESE

Der größte Ökosystem-Ingenieur von allen ist die Menschheit. Keine andere Art hat alleine ihre Umwelt so stark verändert wie wir, von der Zusammensetzung der Atmosphäre bis zur Verschmutzung der Ozeane durch Plastikmüll. Wenn andere Ökosystem-Ingenieure in die Umgebung eingreifen, hat das Nutzen für viele Arten, aber wir bauten die Welt passend für wenige domestizierte, mit uns in Eintracht lebende Arten um. Die meisten Ökosystem-Ingenieure steigern die Diversität in ihren Lebensräumen, wir dagegen simplifizieren und homogenisieren unsere.

VERWANDTE THEMEN

Siehe auch
HABITATVERLUST
Seite 140

3-SEKUNDEN-BIOGRAFIE

CHARLES DARWIN
1809–1882
Britischer Naturkundler, studierte, wie schnell Regenwürmer Erde umgraben, indem er maß, wie schnell Steine durch sie im Boden versanken. *Die Bildung der Ackererde durch die Tätigkeit der Würmer* war sein letztes Buch.

MOSHE SHACHAK
1936–

SIR JOHN LAWTON
1943–

CLIVE G. JONES
1951–
Ökologen, schrieben 1994 den Aufsatz „Organisms as Ecosystem Engineers", in dem sie Ökosystem-Ingenieure vorstellten.

30-SEKUNDEN-TEXT

Mark Fellowes

Das Leben hat den Planeten geformt, von dem der Sauerstoff in der Luft und die Erde unter uns stammt.

ERHALTUNG & AUSROTTUNG

ERHALTUNG & AUSROTTUNG
GLOSSAR

Anthropozän Begriff für das herrschende geologische Zeitalter der Erde, beginnend bei der Veränderung des Klimas sowie geologischer, hydrologischer, biosphärischer und anderer Umweltprozesse durch menschliches Eingreifen.

Artenbildung Prozess, in dem neue Arten entstehen.

Beifang Fische oder andere Meerestiere, die ungewollt mitgefangen werden, speziell von kommerziellen Fischfangflotten, die Langleinen, Trawler, Stellnetze und Ringwadennetze einsetzen. Damit können ganze Arten gemeint sein, das falsche Geschlecht oder Jungtiere der Zielarten. Zu den Meerestieren gehören Schildkröten, Delfine und Seevögel, die in den beabsichtigten Fang geraten und zur Entsorgung über Bord geworfen werden.

Bioakkumulation Die allmähliche Anreicherung von Schadstoffen in oder auf einem Organismus.

biotische Homogenisierung Prozess, bei dem sich Arten in verschiedenen Orten aufgrund von Arteninvasion und -aussterben allmählich ähnlich werden.

Fortpflanzungsisolation Mechanismen, die Mitglieder einer Art von der Fortpflanzung abhält.

Höchstmöglicher Dauerertrag Die größte Anzahl Individuen, die einer Population entnommen werden können, ohne dass es zu Bestandsrückgängen kommt.

Natur-Defizit-Syndrom Menschen verlieren ihre Verbindung zur Natur. Diese Ablösung, oder „Natur-Defizit-Syndrom", wirkt sich negativ auf unsere Gesundheit, unser Wohlgefühl und auf die Arterhaltung weltweit aus. Da immer mehr Menschen in Städten leben, richten sich die Interaktionen mit Tieren auf die Arten aus, die dort mit uns leben. Viele Menschen gestalten inzwischen ihre Gärten und Außenbereiche wildtierfreundlich. Schon das Aufhängen einer Vogelfutterstation hilft, die tägliche Interaktion mit Wildtieren zu verstärken.

Ökosphäre Begriff für alle Ökosysteme auf unserem Planeten.

Phänologische Asynchronität Ein Fehler im Ablauf der Lebenszyklen von Arten, die aufeinander angewiesen sind, um zu überleben.

Rewilding Das Versetzen von Gebieten in einen Zusatz, der möglichst dem entspricht, der vor dem Eingriff von Menschen bestand. In letzter Zeit gehört das Auswildern von großen Säugetieren wie Wölfen, Bibern und Luchsen in die Regionen, in denen sie ausgerottet wurden, dazu.

Tragik der Allmende Der Begriff beschreibt die Nutzung und Entnahme natürlicher Ressourcen durch Individuen zu ihrem eigenen Vorteil ohne Rücksicht auf das Allgemeinwohl.

Vektor Ein Organismus, der ein infektiöses Pathogen trägt oder dieses auf einen anderen Organismus überträgt. Moskitos und Zecken sind Überträger vieler Krankheiten.

10. September 1944
Geboren in Doylestone, Pennsylvania, USA

1966
Beendet ihr Biologiestudium am Hood College, Maryland mit dem Bachelor

1985
Macht ihren Doktor in Anthropologie an der City University of New York

1986
Reist für Forschungen über den Großen Bambuslemur, der als ausgestorben galt, nach Madagaskar

1991
Nach großen Mühen wird der Ranomafana Nationalpark auf Madagaskar eingerichtet

2003
Gründung des Centre ValBio, einem Forschungsinstitut, das Umweltschutz auf Madagaskar und weltweit betreibt

2014
Erhält als erste Frau den Indianapolis-Preis für Naturschutz

PATRICIA WRIGHT

Interesse an Naturwissenschaften kann auf vielerlei Art geweckt werden, bei Patricia Wright geschah dies auf ungewöhnlichem Weg. Als Mutter in den 1960ern in Brooklyn, New York, besaß sie zwei nachtaktive Affen. Deren Verhalten faszinierte sie und sie wollte wissen, wie die Primaten in der Wildnis lebten. So packte sie ihren Mann und ihre Tochter ein und begab sich auf eine Expedition in den Dschungel von Peru. Fast zehn Jahre später dissertierte sie und setzte ihre Reise durch die Naturschutzbiologie fort.

Später war es Wrights Ziel, eine Art zu lokalisieren, die viele für ausgestorben hielten. Dafür reiste sie nach Madagaskar, einem Land voller endemischer Arten, und suchte nach dem Großen Bambuslemur. Sie fand nicht nur ihn, sondern auch eine der Wissenschaft bis dahin unbekannte Art, den Goldenen Bambuslemur. So großartig ihre Entdeckungen waren, war Wright gleichzeitig erschüttert über die Zerstörung, die sie auf Madagaskar vorfand. Viele natürliche Lebensräume waren bereits verloren und die Abholzung bedrohte die Bambuslemuren und eine Menge anderer Tiere. Wright wusste, sie musste handeln. Sie erarbeitete sich die Unterstützung der Einheimischen und der Regierung und trieb Gelder auf, um den Ranomafana Nationalpark einrichten zu können. Dafür, dass die Ansässigen nicht mehr die Wälder ausbeuteten, erhielten sie Schulen und Gesundheitsfürsorge sowie Beschäftigung im Park. Inzwischen kommen jährlich mehr als 100.000 Besucher in den Park und bringen dringend benötigtes Geld mit.

Nachdem diese unglaubliche Gegend formellen Schutz genoss, baute Wright das Centre ValBio auf, eine Forschungseinrichtung am Ranomafana Nationalpark. Das Centre hat spannende Forschungsarbeiten auf ganz Madagaskar möglich gemacht und widmet sich gleichzeitig der Armutsbekämpfung in dem Gebiet zum Schutz der natürlichen Ressourcen und deren nachhaltigem Gebrauch. Ansässige Naturschutzvereine und die Umsetzung von Ökotourismus in der Region lassen die dort lebenden Menschen allmählich den Wert der Erhaltung verstehen.

Patricia Wrights Botschaft über den Naturschutz wird international gehört. Jedes Jahr heißt das Centre ValBio Studenten aus der ganzen Welt willkommen. Patricia selbst und die Forschung, die dort stattfindet, wurden in vielen medialen Schaufenstern veröffentlicht, darunter in dem Film von 2014 *Island of Lemurs: Madagascar*.

Rebecca Thomas

KLIMAWANDEL

30-Sekunden-Zoologie

Der Klimawandel stellt die wohl größte Bedrohung der Biodiversität und der Menschheit dar. Seit dem späten 19. Jahrhundert ist die durchschnittliche Oberflächentemperatur der Erde um 0,9 °C angestiegen, fünf der wärmsten Jahre hatten wir ab 2010. Vorsichtige Schätzungen gehen von einem Anstieg von 2 °C bis zum Ende dieses Jahrhunderts aus. Immer mehr Kohlenstoffdioxid aus menschlicher Produktion führt zur Übersäuerung der Meere und steigenden Temperaturen, lässt Meeresspiegel steigen, verändert den Regen, verursacht Brände, Gletscherschmelze und starke Stürme. Der Wandel vollzieht sich so rasant, dass viele Arten sich nicht anpassen können. Vegetationsmuster verändern sich bereits. In gemäßigten Regionen blühen Bäume Wochen früher. Insekten, die von ihnen leben, sind betroffen. Die Wanderbewegung von Vögeln wie dem Trauerfliegenschnäpper hingegen ist gleichgeblieben, er kommt nun zu spät für das beste Angebot an Raupen. Die phänologische Asynchronität bedeutet, dass die Vögel ihre Nahrungsquelle verpassen, wodurch sich die Chancen, die Nachkommen erfolgreich aufzuziehen, mindern. Aber nicht alle Arten werden verlieren. Modelle sagen voraus, dass viele Krankheiten sich in neuen Gebieten ausbreiten werden, wenn steigende Temperaturen ihren Vektoren passende Lebensräume eröffnen.

3-SEKUNDEN-SEKTION
Wenn wir nicht schnell den CO_2-Ausstoß reduzieren, sagen Klimatologen den baldigen Kipppunkt voraus, nach dem es Jahrhunderte dauern wird, die Schäden auszugleichen.

3-MINUTEN-SYNTHESE
Der Klimawandel vollzieht sich so schnell, dass einige Arten mit der Anpassung nicht hinterherkommen. Vor dem Hintergrund dieser Bedrohung müssen wir einen weiten Blick haben, wenn wir über die Erhaltung der Arten nachdenken. Die natürlichen Habitate der Welt sind immer zerrissener, wir müssen diese Gebiete verbinden, damit die Arten sich anders verbreiten können, wenn sie die globalen Folgen des Klimawandels überstehen sollen.

VERWANDTE THEMEN
Siehe auch
HABITATVERLUST
Seite 140

3-SEKUNDEN-BIOGRAFIE
WALLACE SMITH BROECKER
1931–2019
Amerikanischer Geophysiker und „Großvater der Klimawissenschaften", machte den Begriff Klimawandel publik.

30-SEKUNDEN-TEXT
Rebecca Thomas

Die Menschen treiben den Klimawandel durch die globale Erwärmung voran, seine Auswirkungen sind überall auf der Welt sichtbar.

HABITATVERLUST

30-Sekunden-Zoologie

Wir Menschen verändern riesige Teile unseres Planeten in einem Tempo, wie es keine der letzten geologischen Zeitalter erlebte. In Lebensräume wird dramatisch eingegriffen, so dass der Habitatverlust inzwischen als gravierendster Grund für das Artensterben gilt. Immer schon haben wir das Land verwandelt, meist durch kleinteilige Landwirtschaft, aber in neuerer Zeit haben wir Megacitys geschaffen, die Landwirtschaft hat Industrieausmaße erreicht, so dass heute nicht einmal mehr die Hälfte der Erdoberfläche natürlich ist. Angetrieben wurde dies durch die rasante Entwicklung der menschlichen Population und dem daraus wachsenden Bedarf an Nahrung und Konsumgütern, womit wir viele Arten an den Rand der Ausrottung brachten. Wälder als biodiverseste Lebensräume sind am schlimmsten von der Zerstörung betroffen. In Madagaskar zum Beispiel sind fast 90 Prozent der heimischen Waldflächen verschwunden, eine Bedrohung für viele Lemurenarten, die nur dort leben. Vor dem Hintergrund der ständig wachsenden menschlichen Bevölkerung können die Lemuren nur überleben, wenn wir ihre natürlichen Habitate erhalten. Auch Kattas, die bekannteste Art, sind davon betroffen. Kattas vermehren sich gut in Gefangenschaft und sind sehr anpassungsfähig. Programme zur Auswilderung in Gebiete, aus denen sie vertrieben wurden, sind möglich – aber nur, wenn es ein Habitat gibt, in das sie zurückkehren können.

3-SEKUNDEN-SEKTION
Die Anzahl der Menschen wächst exponentiell. Natürliche Habitate werden dadurch bedrängt und die Entwicklung ist ursächlich für den Rückgang und Aussterben viele Arten weltweit.

3-MINUTEN-SYNTHESE
Menschen zerstören nicht nur Lebensräume, sie reißen auch die natürlichen Flächen auseinander. Die Verbindungen zwischen den Habitat-Flecken und der Schutz bestehender Gebiete für Wildtiere sind oberste Priorität. Einige Länder verfolgen ambitionierte Pläne zum Rewilding und dem Zusammenfügen zerstückelter Landschaften. Unter den Beteiligten sind viele Landbesitzer, die verstanden haben, dass es vielen Arten zu mehr Widerstandfähigkeit gegen den Klimawandel verhilft, wenn die Landschaft wieder vereint ist.

VERWANDTE THEMEN
Siehe auch
PATRICIA WRIGHT
Seite 136

KLIMAWANDEL
Seite 138

30-SEKUNDEN-TEXT
Rebecca Thomas

Der Verlust natürlicher Lebensräume wirkt sich direkt auf die Überlebensfähigkeit einer Art aus, die Konkurrenz um immer weniger Ressourcen – vom Futter bis zu Verstecken – wird größer.

UMWELT-VERSCHMUTZUNG

30-Sekunden-Zoologie

3-SEKUNDEN-SEKTION
Die Umweltverschmutzung ist ein globales Problem: menschliches Handeln setzt unerwünschte Verschmutzungen frei, die Individuen, Populationen, Ökosystemen und der ganzen Ökosphäre schaden.

3-MINUTEN-SYNTHESE
1945 war das Insektizit DDT weithin verfügbar, seine breitgefächerte Anwendung hat verheerende Folgen auf Wildtiere. Die Chemikalie gelangte in den Fettspeicher vieler Arten. In den Prädatoren, die sie fraßen, reicherte sich das Gift immer weiter an. Diese Bioakkumulation verursachte riesige Schäden unter Tieren, die nicht Ziel des Einsatzes waren. Sehr deutlich litten viele Raubvögel wie die Wanderfalken darunter, deren Populationen sich erst nach dem Verbot von DDT langsam erholen konnten.

Fast jede menschliche Aktivität verursacht eine Form der Umweltverschmutzung, die der Natur Schaden zufügt, aber auch für den Tod vieler Menschen verantwortlich ist. Ölkatastrophen ziehen unsere Aufmerksamkeit auf sich. Zum Glück treten sie selten auf, haben dennoch katastrophale Folgen für lokales, wildes Leben. Andere Formen der Umweltverschmutzung sind versteckter und schleichend, sie schaden unserem Klima, zerstören die Ozonschicht, töten nicht-gemeinte Insekten, simplifizieren Ökosysteme und beeinflussen gar die Entwicklung von Tieren. In letzter Zeit ist ein Bewusstsein dafür entstanden, wie weitreichend die Verschmutzung durch Plastik ist. In den Ozeanen verschlucken Meeressäuger und Seevögel ständig riesige Mengen Plastik. Sie können es nicht verdauen, manchmal verhindert es sogar, dass sie Nahrung aufnehmen und sie verhungern. Plastik zerteilt sich zu winzigen Teilchen, dem Mikroplastik. Es wird aufgenommen und gelangt in das Gewebe vieler Arten, auch der Fische, die wir essen. Mikroplastik findet sich in jedem Habitat, das untersucht wurde, sogar in Tiefseeabgründen. Insektenlarven in Flüssen nehmen es auf und wenn sie als Erwachsene an Land von Vögeln gegessen werden, wandert die Verschmutzung einen Schritt weiter die Nahrungskette hinauf. Umweltverschmutzung ist überall und der sicherste Beweis dafür, dass wir uns im Anthropozän befinden.

VERWANDTE THEMEN
Siehe auch
KLIMAWANDEL
Seite 138

3-SEKUNDEN-BIOGRAFIE
RACHEL LOUISE CARSON
1907–1964
Amerikanische Biologin, deren Buch *Der stumme Frühling* 1962 die Umweltbewegung vorantrieb und zum Verbot von DDT in vielen Ländern führte sowie zur Entstehung der amerikanischen Naturschutzbehörde.

30-SEKUNDEN-TEXT
Rebecca Thomas

Chemische Schadstoffe, die unbeabsichtigt oder absichtlich in die Umwelt gelangen, sind nicht einfach nur schädlich. Sie gelangen in die Nahrungsketten und bedrohen alle Organismen auf unserem Planeten.

ÜBERERNTUNG

30-Sekunden-Zoologie

Menschen haben sich immer schon an Wildtieren und Pflanzen bedient, neue Technologien und wachsende menschliche Population üben jedoch immer mehr Druck auf viele Arten aus. Massenhaft sind sie bedroht oder wurden bereits durch übergroße Entnahme ausgerottet – und nicht nur für Nahrung und Fell. Einige sind bedroht, weil sie als Trophäen gelten oder zu traditioneller Medizin verarbeitet werden, was zur Überernutung von Tieren wie Nashörnern, Tigern und Elefanten führte, oder sie landen als Wildfleisch in den Töpfen der stetig wachsenden Stadtbevölkerung. Die Lebensräume im Wasser sind am stärksten betroffen, dort erleiden langlebige und hochwertige Fische wie Kabeljau und Thunfisch enorm hohe Verluste. Das Ernten ist nachhaltig, wenn die Arten sich in einem Tempo vermehren können, das die Verluste ausgleicht, wenn aber erst die Schwelle zur Überernutung überschritten ist, schaffen sie das nicht mehr. In der Fischerei gibt es Fangquoten für einen höchstmöglichen Dauerertrag, was einer Schätzung gleichkommt, wie viele Tiere sicher geerntet werden können – bei sich langsam vermehrenden Tieren ist das eine geringe Anzahl –, obwohl kritisiert wird, dass dieser Ansatz nicht der Komplexität der Gefahr für Fischpopulationen gerecht wird. Echter politischer Wille ist nötig, um sich auf realistische Quoten in internationalen Gewässern zu einigen und sie durchzusetzen, etwas, das bisher leider nicht verfolgt wurde.

3-SEKUNDEN-SEKTION

Lebewesen schneller zu entnehmen, als ihre Population sich erholen kann, führt zur Überernutung – eine große Bedrohung für viele Wildarten.

3-MINUTEN-SYNTHESE

Das Überernten ist eine ernste Herausforderung im Wasser. Viele Fischgründe gelten als gemeinsame Ressource, das führt zur „Tragik der Allmende“: Wer fischt, fühlt sich nicht angehalten, damit aufzuhören, wenn eine Ressource zurückgeht, denn es könnte ja jemand anderes statt seiner weiterfischen. Diese Einstellung, zusammen mit den technischen Entwicklungen, die es ermöglichen, mehr Fische mit weniger Aufwand zu entnehmen, ist der Grund, warum viele Fischbestände zusammengebrochen sind.

VERWANDTE THEMEN

Siehe auch
MENSCH-TIER-KONFLIKT
Seite 148

30-SEKUNDEN-TEXT

Rebecca Thomas

Kurzfristige Gewinne stehen über der Frist, die vielen Arten gewährt wird, ihre Anzahl wieder aufzufüllen, was sie an den Rand der Ausrottung drängt.

O.29

INVASIVE ARTEN

30-Sekunden-Zoologie

Einige Arten werden durch menschliches Eingreifen in Gebiete außerhalb ihres natürlichen Vorkommens versetzt. Manchmal geschieht das absichtlich – Hauskatzen und Hausspatzen zum Beispiel –, aber meist werden sie, wie die Zebramuschel, aus Versehen im Ballastwasser von Schiffen über die Meere gebracht. Viele solcher Arten machen sich kaum bemerkbar in ihrem neuen Lebensraum, andere breiten sich in einem Maß aus, das einheimische Bewohner, die Gesundheit von Menschen oder die Wirtschaft stark beeinträchtigt, das sind die invasiven Arten. Invasoren können speziell auf Inseln großen Schaden anrichten. In den späten 1940ern fand die Braune Nachtbaumnatter den Weg auf die pazifische Insel Guam, höchstwahrscheinlich als blinder Passagier in Militärflugzeugen. Ohne Fressfeinde auf der Insel verbreitete sie sich schnell und stellt heute eine Bedrohung für die heimische Ökologie dar. Invasive Arten loszuwerden, wenn sie sich erst eingerichtet haben, kann sehr schwierig sein, auch wenn es schon gelungen ist. Invasive Nagetiere wurden von der Insel Teuaua in Französisch-Polynesien entfernt, damit die einheimischen Seeschwalben dort wieder ohne Furcht vor Rattenangriffen auf die Jungtiere brüten konnten. Die Kosten für das Vertreiben invasiver Arten liegen meist weit über denen für eine Vermeidung.

3-SEKUNDEN-SEKTION

Eine Menge Arten, die wir kennen und lieben, sind invasiv, speziell in Städten, aber sie können ein Ausgleich für einen Verlust an Biodiversität sein.

3-MINUTEN-SYNTHESE

Viele Arten wurden ihrem natürlichen Lebensraum entnommen, das macht sie noch nicht invasiv. Dafür müssen sie schädlich sein, und nur 10 Prozent der eingeführten Arten werden zu Problemen. Leider wurden einige der am schädlichsten Arten –die Agakröte, Katzen, der Nilbarsch und die Rosige Wolfsschnecke – absichtlich und mit furchtbaren ökologischen und ökonomischen Folgen ausgesetzt. Das Einführen neuer Arten kann zu biotischer Homogenisierung und zur Verringerung natürlicher Unterschiede der Biodiversität mehrerer Umgebungen führen.

VERWANDTE THEMEN

Siehe auch
MENSCH-TIER-KONFLIKT
Seite 148

STADTTIERE
Seite 150

30-SEKUNDEN-TEXT

Rebecca Thomas

Das versehentliche oder beabsichtigte Aussetzen von Arten in Gebiete, in denen es keine Kontrolle für ihren Bestand gibt, führte in einigen Fällen zu großen Verlusten der Biodiversität.

MENSCH-TIER-KONFLIKT

30-Sekunden-Zoologie

Für viele macht die Verbindung zur Natur das Leben besonders. Für sie ist der Kontakt zur Natur eine Wohltat: Urlaube finden in der Natur statt, sie sehen gerne Tierdokumentationen und versorgen Gartenvögel und andere Tiere mit Futter. Treffen Menschen und Wildtiere zusammen, können daraus aber auch Konflikte entstehen, wenn die Tiere als Gefahr für das Auskommen, die Gesundheit und das Wohlergehen angesehen werden. In der Landwirtschaft bedeuten Ernteverluste gleichzeitig finanzielle Verluste, Mensch-Tier-Konflikte in diesem Bereich können zerstörerisch sein. Elefanten verkörpern diese Dualität. Für Ökotouristen gehören sie zu den charismatischsten Lebewesen, für die man um die Erde fliegt, um sie einmal in der Wildnis zu sehen. Elefanten richten aber auch verheerende Schäden an, wenn sie auf Nahrungssuche in landwirtschaftliche Gebiete einfallen und dabei Ernten zertrampeln. Für die Einheimischen hat das ernste Konsequenzen, als Folge werden Elefanten dort verfolgt. Meist lassen sich Konflikte mildern, wenn lokales Wissen eingesetzt wird. Elefanten mögen keine Pflanzen, die Capsaicin enthalten, und sie haben eine Abneigung gegen Bienen. So werden Zäune mit Chili-Pflanzen gezogen und Bienenkörbe aufgestellt, um sie zu vertreiben.

3-SEKUNDEN-SEKTION

Mensch-Tier-Konflikte finden mit wachsender menschlicher Population und abnehmender Toleranz für Ernteschäden und Tiervorfälle häufiger statt. Viele Arten werden heute deswegen verfolgt.

3-MINUTEN-SYNTHESE

Es gibt viele Strategien zur Reduzierung von Mensch-Tier-Konflikten, wenn die Art als schützenswert gilt. Von der gezielten Tötung bis zu Entschädigungszahlungen zielen alle darauf ab, den Kontakt zwischen den beteiligten Parteien zu minimieren. Sehr erfolgreich zeigte sich hingegen, Einheimischen alternative Verdienstmöglichkeiten im Ökotourismus vorzuschlagen. Wenn Menschen Einkommen aus dem Schutz von Arten beziehen, die ihnen Probleme bereiteten, sind Gemeinden eher bereit, sie zu akzeptieren.

VERWANDTE THEMEN

Siehe auch
HABITATVERLUST
Seite 140

STADTTIERE
Seite 150

30-SEKUNDEN-TEXT

Rebecca Thomas

Das Teilen des Planeten mit anderen Arten verlangt nach Strategien für ein Leben in gegenseitiger Harmonie und nachhaltigen Lösungen.

H7
H

STADTTIERE

30-Sekunden-Zoologie

Seit Jahrtausenden greifen Menschen in die Landschaft ein, aber erst in den letzten hundert Jahren haben wir dicht bewohnte Städte und Großstädte geschaffen. Heute leben weltweit mehr als 50 Prozent der Menschen in urbanen Gebieten und viele Tiere lernen, dort mit uns zusammenzuleben. Unsere bebauten Umgebungen können für Tiere schwierig sein – Urbanisierung mindert die Biodiversität –, aber einige richten ihr Leben dort ein oder gedeihen sogar an der Seite von Menschen. Meist sind das Generalisten wie Ratten oder Füchse, aber neben den allgegenwärtigen Sperlingen finden sich auch so besondere Arten wie Leoparden und Languren, Pinguine und Wanderfalken. Städte sind sogar wichtig für die Erhaltung einiger Arten. Unter dem neuen evolutionären Druck passen sich Tiere genetisch rasant an das Stadtleben an, speziell an Orten, an denen Populationen voneinander getrennt sind. Ein vielleicht überraschendes Beispiel dafür ist die Stechmücke *Culex pipiens molestus* in der Londoner U-Bahn. Auch Vögel verändern sich im Zusammenleben mit Menschen. Ornithologen entdeckten, dass städtische Populationen der europäischen Amsel höhere Töne singen (wegen des Verkehrslärms) und kürzere Schnäbel haben (weil das Nahrungsangebot anders ist). Auch überwintern sie in den Städten (denn Futter ist ganzjährig verfügbar). Städte sind die neuen Schmieden evolutionärer Veränderungen.

3-SEKUNDEN-SEKTION

Überall auf der Welt entstehen mehr und immer größere Städte. Viele Tiere lernen es, sich dort zurechtzufinden und mit den Habitaten und Ressourcen auszukommen.

3-MINUTEN-SYNTHESE

Die Artenbildung (Prozess, bei dem genetisch isolierte Tiere sich zu eigenen Arten entwickeln) findet in unserer Zeit statt. Mücken besiedelten die Tunnel und Bahnhöfe der Londoner U-Bahn, als diese während des Blitzkriegs als Schutz dienten. In den 1990ern ergaben Forschungen, dass die U-Bahn-Mücken in ihrer Isolation eine Unterart gebildet hatten, die sich von denen unterschied, die an anderen Orten der Stadt anzufinden waren, da sie sich nicht mit anderen Populationen fortpflanzen konnten.

VERWANDTE THEMEN

Siehe auch
NATÜRLICHE SELEKTION
Seite 18

MENSCH-TIER-KONFLIKT
Seite 148

3-SEKUNDEN-BIOGRAFIE

KATHERINE BYRNE
Unbekannt

RICHARD NICHOLS
1959–
Forschten in den 1990ern über die Mücken in der Londoner U-Bahn.

30-SEKUNDEN-TEXT

Rebecca Thomas

Immer mehr Menschen wohnen in Städten, unsere Interaktionen mit anderen Arten bezieht sich auf die, die gelernt haben, an unserer Seite zu leben. Dass wir den Kontakt zur Natur verlieren, wirkt sich weltweit auf den Naturschutz aus.

ANHANG

QUELLEN

BÜCHER UND ARTIKEL

Amphibian (Eyewitness series)
(dt. Titel: *Amphibien*)
Barry Clarke
(Dorling Kindersley, 2005)

Animal Fact File: Head-To-Tail Profiles of Over 90 Mammals
Tony Hare
(Facts on File Inc., 1999)

„*Culex pipiens* in London Underground tunnels: Differentiation between surface and subterranean populations"
Katharine Byrne und Richard A. Nichols
Heredity 82 (Pt 1)(1):7–15, Februar 1999
DOI: 10.1038/sj.hdy.6884120

The Diversity of Life
(dt. Titel: *Die Vielfalt des Lebens*)
Edward O. Wilson
(Penguin, 2001)

Extraordinary Birds: Exquisite Selections of Art and Ornithology from the American Museum of Natural History Library,
Essays & Plates
Paul Sweet, mit einem Kapitel von Peter Capainolo
(Sterling Signature, 2013)

Fishes of the World
Joseph S. Nelson
(John Wiley & Sons, 2006, 4. Auflage)

The Great Big Book of Snakes and Reptiles
Barbara Taylor
(Hermes House, 2006)

Herpetology, An Introductory Biology of Amphibians and Reptiles
Laurie J. Vitt and Janalee P. Caldwell
(Elsevier Science, 2013)

Insect Evolutionary Ecology
M. D. E. Fellowes, G. J. Holloway and J. Rolff
(CABI Publishing, 2005)

Mammals
(dt. Titel: *Säugetiere*)
Juliet Clutton-Brock
(Dorling Kindersley/Smithsonian Handbooks series, 2002)

Ornithology
Frank B. Gill
(W. H. Freeman & Co., 2006, 3. Auflage)

Ornithology in Laboratory and Field
Olin Sewall Pettingill
(Academic Press, 1985, 5. Auflage)

Reptile (Eyewitness series)
(Dorling Kindersley, 2005)

Sharks of the World
Leonard Compagno, Marc Dando und Sarah Fowler
(Princeton University Press, 2005)

Silent Spring
(dt. Titel: *Der stumme Frühling*)
Rachel Carson
(Houghton Mifflin, 2002, Jubiläumsausgabe; 1. Veröffentlichung 1962)

Song of the Dodo: Island Biogeography in an Age of Extinction
(dt. Titel: *Der Gesang des Dodo: eine Reise durch die Evolution der Inselwelten*)
David Quammen
(Simon & Schuster, 1997)

Vertebrate Life
F. Harvey Pough and Christine M. Janis
(Oxford University Press, 2018, 10. Auflage)

When Life Nearly Died: The Greatest Mass Extinction of All Time
Michael Benton
(Thames & Hudson, 2015)

Wilding: The Return of Nature to a British Farm
(dt. Titel: *Wildes Land*)
Isabella Tree
(Picador, 2019)

Wonderful Life: Burgess Shale and the Nature of History
Stephen Jay Gould
(Vintage, 2000)

WEBSEITEN

All the World's Primates
Ausführliche Onlinequelle über alle 505 Primatenarten
www.alltheworldsprimates.org/Home.aspx

State of the World's Birds
Bericht von Birdlife International über den Zustand globaler Ökosysteme anhand von Vögeln
www.birdlife.org/sowb2018

Edge of Existence
Liste der am stärksten bedrohten Tiere unter Berücksichtigung der lebenden Anzahl und der taxonomischen Isolation, eine ernüchternde Aufzählung von Arten am Rand des Aussterbens, erstellt von der Zoological Society of London.
www.edgeofexistence.org/species/

The Global Biodiversity Information Facility
Eine erstaunliche internationale Network- und Forschungsdatenbank mit frei zugänglichen Informationen über alle Arten von Leben auf der Erde.
www.gbif.org

ÜBER DIE BEITRAGENDEN

HERAUSGEBER

Mark Fellowes Leidenschaft seit frühester Jugend gilt der Tierwelt. Seine prägenden Jahre verbrachte er mit dem Beobachten von Vögeln im wilden Westen von Irland. Er machte seinen Bachelor in Zoologie und dissertierte in Evolutionsbiologie am Imperial College in London. Nach einem kurzen post-doktoranden Abstecher ans NERC Centre for Population Biology am Imperial College London arbeitete er als Dozent in Reading, wurde Professor der Ökologie und ist heute Vizekanzler der Universität. Professor Fellowes hat mehrere Bücher und zahlreiche Artikel in Wissenschaftsmagazinen veröffentlicht. Augenblicklich studiert er Interaktionen zwischen Menschen und Wildtieren mit dem Schwerpunkt urbane Ökosysteme. Er forscht über Insekten, Vögel und Säugetiere und arbeitet an Projekten in Ghana, Nigeria, Indien, USA, Brasilien und Großbritannien. Er betreibt intensive Öffentlichkeitsarbeit, um auf die Bedeutung der Mitarbeit bei dem Erhalt der Biodiversität hinzuwiesen und gehört laut *Esquire* zu den 100 einflussreichsten Männern unter 40 Jahren.

AUTORINNEN UND AUTOREN

James Barnett ist Verhaltensökologe an der McMaster University in Ontario, Kanada. Er hat einen Master und einen Doktortitel von der University of Bristol in England. Er forscht über Prädatoren-Beute-Interaktionen und wie Tierfärbungen funktionieren, entstehen und von verschiedenen Arten wahrgenommen werden.

Amanda Callaghan ist Professorin der Zoologie an der Universität Reading, Großbritannien, und Leiterin des Cole Museums der Zoologie auf dem Universitätscampus. Sie forscht über Mücken-Ökologie, Entomologie und der Effekt von Mikroplastik und Umweltgiften auf Wirbellose im Süßwasser. Sie ist Fellow der Royal Society of Biology und der Royal Entomological Society (RES). Außerdem war sie Herausgeberin der *Antenna*, dem Sprachrohr der RES und Autorin zahlreicher Aufsätze und Artikel für akademische Magazine.

Peter Capainolo interessiert sich seit seiner Jugendzeit für Naturgeschichte und speziell für die Ornithologie. Greifvögel faszinieren ihn. Mit 18 erhielt er eine der ersten Genehmigungen, Falknerei zu betreiben, die der Staat New York ausstellte. Er studierte Zoologie und übte unter Professor Heinz Meng an der State University of New York in New Paltz die Falknerei aus. Zurzeit ist er Leitender Wissenschaftlicher Mitarbeiter/ Leitender Museumsexperte der Abteilung für Wirbeltierzoologie am American Museum of National History und gehört dazu zur Biologie-Abteilung am City College of the City University of New York. Peter hat ein Buch über Greifvögel und Beiträge für viele andere ornithologischen Bücher geschrieben.

Neil Gostling ist Evolutionsbiologe und Senior Teaching Fellow an der University of Southampton, GB. Aufgewachsen in London, nutzte er als Kind jede Gelegenheit, das Naturkundemuseum zu besuchen und Filme von Richard Attenborough anzusehen. Er hat einen Master in Botanik und Zoologie und einen Doktor in Evolutionärer Entwicklungsbiologie der Universität Reading. Später zog er nach Bristol, um fossile Embryos aus China und das Kambrium zu studieren. Seine Forschung befasst sich mit der Evolution einiger der ersten Vögel, Dinosaurier und Säugetiere. Neil leitet eine jährlich stattfindende Expedition auf die Galapagos-Inseln. Er hält regelmäßig Vorträge in Naturkunde- und Science Cafés über Darwin, die Evolution und Biologie.

Rebecca Thomas ist Stadtökologin und Senior Teaching Fellow am Royal Holloway, University of London, GB. Sie legt ihren Fokus auf die Naturschutzbiologie und -ökologie von Vögeln und Säugetieren, speziell wie sich Entscheidungen von Menschen auf die Ökologie wilder Arten auswirkt. Dr. Thomas ist besonders an den Effekten menschlicher Handlungen auf ökologische Interaktionen interessiert, und sie versucht, einige unerwartete und unvorhergesehene Folgen unseres Verhaltens aufzudecken.

STICHWORTVERZEICHNIS

DANKSAGUNG

Der Herausgeber bedankt sich bei den nachstehend Aufgeführten für die Genehmigung, Copyright-Material zu veröffentlichen:

Alle Bilder, die in den Montagen verarbeitet sind, stammen, soweit nicht anders gekennzeichnet, von Shutterstock, Inc.

Das Foto von Donald Griffin wurde uns vom Rockefeller Archive Center zur Veröffentlichung zur Verfügung gestellt.

Das Foto von Mary Jane West-Eberhard durften wir mit freundlicher Genehmigung von Mary Jane West-Eberhard abdrucken.

Alamy/ 19th era 2: 39, 83; Age Fotostock: 41; Andrey Nekrasov: 57; Ann and Steve Toon: 95; Antiqua Print Gallery: 79, 139; Anton Sorokin: 125; Archivist: 103; Arterra Picture Library: 145; Bazzano Photography: 83; blickwinkel: 79, 139; Bookworm Classics: 43; BSIP SA: 41; Everett Collection Inc: 143; Florlleglus: 23, 79, 119; FLPA: 45; Gaertner: 129; gameover: 41, 109; Geerati Nilkaew: 99; Glasshouse Images: 123; Henri Koskinen: 41; Historic Collection: 67, 77, 125; Historic Images: 77; Image BROKER: 139; INTERFOTO: 39; Joel Sartore: 147; Kiyoshi Takahase Segundo: 17; Library Book Collection: 41, 45, 57, 79; Mark Conlin: 145; Maxim Tatarinov: 127; Michael Rhys Williams: 37; Narelle Power: 147; Natural History Museum: 19, 57; Nature Photographers Ltd: 45, 57; Nikolay Staykov: 77; nobleIMAGES: 149; Old Images: 17, 103; Oldtime: 109; Opera Nicolae: 19; Patrick Guenette: 17; Petr Pavluvcik: 119; RGB Ventures/SuperStock: 147; Richard Mittleman/Gon2Foto: 129; Rob Cousins: 115; Science History Images: 23, 57, 75, 147, 151; Steve Taylor ARPS: 149; Stuart Donaldson: 47; The Book Worm: 57; The History Collection: 99; Tot Collection: 125; WaterFrame: 45; WILDLIFE GmbH: 123; World History Archive: 27; www.pqpictures.co.uk: 43.

Biodiversity Heritage Library: 41, 67, 100, 103.

Boston Public Library: 19.

Flickr/ British Library: 67; Biodiversity Heritage Library: 99.

Getty/ Mike Windle: 137; Nnehring: 43, 45; ZU_09: 43.

Internet Archive/ Biodiversity Heritage Library: 25, 97, 105, 117; Smithsonian Libraries: 85.

Wikimedia Commons/ Audubon: 131; Biodiversity Heritage Library: 45, 67; Bonhams: 105; British Library/Flickr Commons: 131; Bstelnitz: 55; Colour Illustration by Mrs. Sarah L. Martin / University of Texas at Austin, School of Biological Sciences: 107; E.J. Spitta: 47; Esculapio: 127; Internet Archive: 67, 107; Internet Archive/NCSU Libraries: 47; Internet Archive/Open Knowledge Commons and Harvard Medical School: 75; Kunstformen der Natur / Padent~commonswiki: 85; Internet Archive/Book Images: 21; James St. John: 21; Library of Tasmania: 25;Minneapolis Institute of the Arts: 99; NOAA: 37; Nobu Tamura: 25; PLOS: 90; Proceedings of the Zoological Society of London: 151; Rhino Resource Center/Hermann Schlegel: 127; Siga: 47; Smithsonian Institution Archives: 21; Southeby's: 67; Wellcome Images: 75; художник: 14.

Mit größter Sorgfalt wurden die Copyrights nachverfolgt und die Genehmigungen zur Verwendung eingeholt. Sollte es unbeabsichtigt zu Fehlern oder Auslassungen in der obenstehenden Liste gekommen sein, entschuldigt sich der Herausgeber dafür, etwaige Korrekturen werden nach Bekanntwerden in späteren Ausgaben aufgenommen.